人力资源和社会保障部职业能力建设司推荐
有色金属行业职业教育培训规划教材

重有色金属及其合金 线 材 生 产

赵万花 编著

北 京
冶 金 工 业 出 版 社
2013

内 容 简 介

本书是有色金属行业职业教育培训规划教材之一,是根据有色金属企业生产实际、岗位技能要求以及职业学校教学需要编写的。本书经人力资源和社会保障部职业培训教材工作委员会办公室组织专家评审通过,由人力资源和社会保障部职业能力建设司推荐作为有色金属行业职业教育培训规划教材。

本书共分9章,包括:概述、线坯生产方法、线材拉伸方法、线材拉伸时金属的变形和应力状态、拉伸力、线材拉伸工艺、线材拉伸制品质量控制及其废品、拉伸工具、线材拉伸机。在内容的组织和安排上,力求简明扼要、通俗易懂、理论联系实际、突出实际操作特点。

本书可作为有色金属企业岗位操作人员的培训教材,也可作为职业学校(院)相关专业的教材;同时可作为企业及科研院所线材生产、设计、产品开发等技术人员的参考书。

图书在版编目(CIP)数据

重有色金属及其合金线材生产/赵万花编著 . —北京:冶金工业出版社,2013.6
有色金属行业职业教育培训规划教材
ISBN 978-7-5024-6253-6

Ⅰ.①重… Ⅱ.①赵… Ⅲ.①重有色金属合金—线材拉制—高等职业教育—教材 Ⅳ.①TG356.4

中国版本图书馆 CIP 数据核字(2013)第 120948 号

出 版 人 谭学余
地 址 北京北河沿大街嵩祝院北巷 39 号,邮编 100009
电 话 (010)64027926 电子信箱 yjcbs@cnmip.com.cn
责任编辑 张登科 王雪涛 美术编辑 李 新 版式设计 孙跃红
责任校对 禹 蕊 责任印制 牛晓波
ISBN 978-7-5024-6253-6
冶金工业出版社出版发行;各地新华书店经销;三河市双峰印刷装订有限公司印刷
2013 年 6 月第 1 版,2013 年 6 月第 1 次印刷
787mm×1092mm 1/16;8.25 印张;214 千字;115 页
26.00 元

冶金工业出版社投稿电话: (010)64027932 投稿信箱: tougao@cnmip.com.cn
冶金工业出版社发行部 电话: (010)64044283 传真: (010)64027893
冶金书店 地址: 北京东四西大街 46 号(100010) 电话:(010)65289081(兼传真)
(本书如有印装质量问题,本社发行部负责退换)

有色金属行业职业教育培训规划教材
编辑委员会

主　　任　丁学全　中国有色金属工业协会党委副书记、中国职工教
　　　　　　　　　育和职业培训协会有色金属分会理事长、全国有
　　　　　　　　　色金属职业教育教学指导委员会主任
　　　　　　谭学余　冶金工业出版社社长
副 主 任　丁跃华　有色金属工业人才中心总经理、有色金属行业职
　　　　　　　　　业技能鉴定指导中心主任、中国职工教育和职业
　　　　　　　　　培训协会有色金属分会副理事长兼秘书长
　　　　　　鲁启峰　中国职工教育和职业培训协会冶金分会秘书长
　　　　　　任静波　冶金工业出版社总编辑
　　　　　　杨焕文　中国有色金属学会副秘书长
　　　　　　赵东海　洛阳铜加工集团有限责任公司董事长、党委书记
　　　　　　洪　伟　青海投资集团有限公司董事长、党委书记
　　　　　　贺怀钦　河南中孚实业股份有限公司董事长
　　　　　　张　平　江苏常铝铝业股份有限公司董事长
　　　　　　王力华　中铝河南铝业公司总经理、党委书记
　　　　　　李宏磊　中铝洛阳铜业有限公司副总经理
　　　　　　王志军　洛阳龙鼎铝业有限公司常务副总经理
秘 书 长　杨伟宏　洛阳有色金属工业学校校长（0379-64949030，
　　　　　　　　　yangwh0139@126.com）

副秘书长 张登科 冶金工业出版社编审(010-64062877，zhdengke@sina.com)

委　员（按姓氏笔画排序）

张登科 冶金工业出版社编审(010-64062877,zhdengke@sina.com)

王进良 中孚实业高精铝深加工分公司

王　洪 中铝稀有稀土有限公司

王　辉 株洲冶炼集团股份有限公司

李巧云 洛阳有色金属工业学校

李　贵 河南豫光金铅股份有限公司

闫保强 洛阳有色金属工业设计研究院

刘静安 中铝西南铝业（集团）有限责任公司

陆　芸 江苏常铝铝业股份有限公司

张安乐 洛阳龙鼎铝业有限公司

张星翔 中孚实业高精铝深加工分公司

张鸿烈 白银有色金属公司西北铅锌厂

但渭林 江西理工大学南昌分院

武红林 中铝东北轻合金有限责任公司

郭天立 中冶葫芦岛有色金属集团公司

党建锋 中电投宁夏青铜峡能源铝业集团有限公司

董运华 洛阳有色金属加工设计研究院

雷　霆 云南冶金高等专科学校

序

　　有色金属工业是国民经济重要的基础原材料产业和技术进步的先导产业。改革开放以来，我国有色金属工业取得了快速发展，十种常用有色金属产销量已经连续多年位居世界第一，产品品种不断增加，产业结构趋于合理，装备水平不断提高，技术进步步伐加快。时至今日，我国已经成为名符其实的有色金属大国。

　　"十二五"期间，是我国由有色金属大国向强国转变的重要时期。我国要成为有色金属强国，根本靠科技，基础在教育，关键在人才，有色金属行业必须建立一支规模宏大、结构合理、素质优良、业务精湛的人才队伍，尤其是要建立一支高水平的技能型人才队伍。

　　建立技能型人才队伍既是有色金属工业科学发展的迫切需要，也是建设国家现代职业教育体系的重要任务。首先，技能型人才和经营管理人才、专业技术人才一样，是企业人才队伍中不可或缺的重要组成部分，在企业生产过程中，装备要靠技能型人才去掌握，工艺要靠技能型人才去实现，产品要靠技能型人才去完成，技能型人才是企业生产力的实现者。其次，我国有色金属行业与世界先进水平相比还有一定差距，要弥补差距，赶超世界先进水平靠的是人才，而现在最缺乏的就是高技能型人才。再次，随着对实体经济重要性认识的不断深化，有色金属工业对技能型人才的重视程度和需求也在不断提高。

　　人才要靠培养，培养需要教材。有色金属工业人才中心和洛阳有色金属工业学校为了落实中国有色金属工业协会和教育部颁发的《关于提高职业教育支撑有色金属工业发展能力的指导意见》精神，为了适应行业技能型人才培养的需要，与冶金工业出版社合作，组织编写了这套面向企业和职业技术院校的培训教材。这套教材的显著特点就是体现了基本理论知识和基本技能训练的"双基"培养目标，侧重于联系企业生产实际，解决现实生产问题，是一套面向中级技术工人和职业技术院校学生实用的中级教材。

　　该教材的推广和应用，将对发展行业职业教育，建设行业技能人才队伍，推动有色金属工业的科学发展起到积极的作用。

中国有色金属工业协会会长　陈全训

2013 年 2 月

前　言

重有色金属及其合金线材是有色金属加工材料的重要组成部分，与其他合金材料一样，也是国民经济各部门不可缺少的基础材料。随着社会的进步和科学技术的发展，铜合金型线材生产加工技术的发展和进步越来越受到关注。本书详细介绍了重有色金属及其合金线材生产工艺、技术和装备等，并对线材新工艺、新技术进行了介绍，以期通过深入浅出的介绍使读者对线材生产有一个全面的了解，便于读者理解、掌握和应用这些技术，对读者的实际工作有所裨益。

本书是作者在多年来有色金属及其合金线材生产技术和实践经验的基础上，根据有色金属行业生产实际、岗位技能要求及职业学校需要编写的。

本书内容丰富，资料翔实，深入浅出，理论联系实际，可作为有色金属企业岗位操作人员的培训教材，也可作为职业学校（院校）相关专业教材；同时可作为企业及科研院所线材生产、设计、产品开发等技术人员的参考书。

本书由赵万花编写，李巧云审稿。在编写过程中，得到了洛阳有色金属工业学校杨伟宏校长、李巧云老师、杜运时老师、中铝洛阳铜业有限公司技术中心领导韩卫光、管棒厂领导曹利同志的热情帮助和指导，并参考了一些相关著作和文献资料，在此一并表示衷心的感谢。

由于作者水平所限，编写经验不足，书中不妥之处，恳请读者批评指正。

作　者
2013 年 2 月

目　录

1 概　　述

有色金属线材在国民经济中是不可缺少的材料。重有色金属及其合金线材广泛用于电子、电力、仪表等工业部门，主要用于电力导线，如音频、视频传输、电子工业中各种引线、接插元件、线圈、管脚等，用量巨大，品种繁多。近几年，我国线材无论是生产能力还是消费水平均得到了快速发展，已成为世界上最大的线材生产国，年产量超过世界线材生产总量的三分之一。尤其是纯铜导线生产发展迅速，其中光亮杆与无氧铜杆产量和生产能力增加迅速。除此之外，作为焊接材料用铜合金线需求量日益扩大。

为适应先进制造业的发展，有色金属线材尤其是铜、铝及其合金线材的生产已呈现规模化、专业化发展，产品规格有向小型化、轻细化方向发展的趋势，同时不断出现新品种、新规格、新用途。

1.1　基本概念

线材是指细而长的必须盘绕起来成卷或盘状供应的实心加工材料，也称作丝。金属线材常常冠以金属名称，如铜线、黄铜线、青铜线、白铜线、铝线、铝合金线、钢丝、铁丝等。对于较细的金属线材常指直径 6mm 及其以下的卷状实心材。但也有粗的，例如，85mm² 的电车线相当直径 10.5mm 的线材，故粗细不是线材的唯一标准。

金属线材的断面积以圆断面最广泛，也有非圆断面的扁线、方线以及异型线（如接触线）。一般整个断面为一种金属，也有两种或两种以上金属组成的复合线，如铝包铜线、铜包钢线等。

线材制品可按以下方法分类：

（1）钉类：如铆钉、销钉、螺丝、顶杆、焊条等。

（2）编制物类：如网、筛、窗纱、滤布、屏蔽套管和编织线等。

（3）弯型类：如扣件、弹簧等。

（4）绞制类：如绞线、束线等。

（5）其他：如漆包线、塑包线、双金属线、电镀或热镀的线材等。

1.2　线材表示方法

线材粗细的表示方法有：

（1）直径表示法，以 mm 为单位，是国际通用方法，我国标准采用此方法。也有用英制（英寸）为单位的。

（2）线号表示方法，也称线规表示法。线号越大，线径越细。我国曾使用过的线规有三种（AWG、SWG 和 BWG），现已很少使用。

（3）质量表示法，用长 200mm 的线材质量（mg）表示。一般用于螺旋测微器精确度不高的超细线。

1.3　线材生产方法

有色金属线材生产具有悠久的历史，早在18世纪欧洲就开始用铸锭-锻造-拉伸的方法生产铜及铜合金线材，19世纪欧洲发明孔型热轧-拉伸生产工艺，使铜及铜合金线材进入工业化大规模生产阶段，到了20世纪70年代新型铜合金线材生产方法不断出现，如上引法、连铸连轧法等。

线材生产一般分两个步骤：首先是制造线坯，再进行拉伸和热处理等。

线坯的制备方法多样，直接铸造线坯的方法有上引法、浸渍法、水平连铸法等，线坯直径一般在8～25mm；还有锭坯挤压法、连铸连轧法。上引法、浸渍法、连铸连轧法适合于单一紫铜线的生产，而连铸连轧法则特别适合大规模单一紫铜线坯的生产。挤压法特别适合多品种、多规格铜及铜合金线坯的生产。几种铜线坯生产工艺的技术指标及生产方法分别见表1-1、表1-2。

表 1-1　铜线坯生产工艺的技术指标

指　标	连铸连轧法	浸涂成型法	上引法
产品名称	光亮低氧铜杆	光亮无氧铜杆	光亮无氧铜杆
铜杆导电率/% IACS	101～102	101～102	101～101.6
氧含量/%	$(200 \sim 400) \times 10^{-4}$	20×10^{-4} 以下	$(1.5 \sim 27) \times 10^{-4}$
单位产品铜耗损/kg·t^{-1}	2	2	2
单位产品耗损(折标煤)/kg·t^{-1}	138.57～160.00	165.70～175.28	221.57～223.81
其中：电力/kW·h·t^{-1}	100～150	380～400	400～420
燃　料	液化气50kg/t	天然气3m^3/t	天然气1m^3/t
生产能力/t·h^{-1}	6～40	3.6～10	2
年产量/万吨	3.5～60	2～5	0.5～1.2
铜杆卷重/t	3～8	3.5～10	2
每班操作人数/人	6～10	6～7	2

表 1-2　铜及铜合金线坯生产方法

生　产　方　法	用　途
上引-拉伸	生产氧含量小于20×10^{-4}%的线坯，拉伸细线、微细线，用于电子工业中各种引线、传输线
浸渍成型-拉伸法	主要生产低氧铜杆，氧含量$(240 \sim 400) \times 10^{-4}$%。用于生产通信电缆、电力电线、输电导线
OCC法	生产单晶铜坯料、顺序结晶铜合金坯料，所生产的铜坯料具有单晶和沿轴向分布结晶，坯料伸长率和导电率高，用于生产高保真导线
水平连铸线坯-拉伸法	主要用于生产黄铜、青铜、白铜线材
横列式孔型轧制-拉伸法	主要用于生产电力导线，由于质量劣、能耗高而逐渐被淘汰

1.4　线材拉伸及其特点

对线坯施以拉力，使其通过断面逐渐减小的模孔，获得与模孔尺寸、形状相同制品的塑性变形的方法称为线材拉伸。拉伸过程如图1-1 所示。工具称为线材拉伸模，简称模子，金属在模孔中发生塑性变形。

与其他加工方法相比，线材拉伸主要有以下优点：

（1）因为使用的模具是由硬度高，耐磨性好的材料，经过精密加工制成的，拉伸的线材尺寸精确，表面光洁，断面形状多样。如线材的表面粗糙度可达 0.2μm 以上，尺寸的精确度为正负百分之几毫米到千分之几毫米。

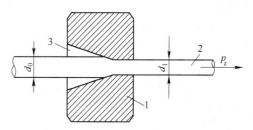

图1-1　线材拉伸过程简图
1—模子；2—拉伸坯料；3—拉伸模孔

（2）拉伸时更换模具方便，生产灵活性大，拉伸品种、规格多。它可以生产直径在千分之一毫米，长度达万米以上极细的金属丝材，以及异型断面线材、空心导线等。

（3）由于金属是在冷状态下变形，在拉伸过程中金属的冷作硬化程度高，故拉出后的制品力学性能高。在变形量足够大的情况下，拉伸制品的力学性能约比挤压坯料增加0.5～1.0 倍。

（4）拉伸工艺、设备较简单，操作容易，维护方便，生产效率高。如多模、连续不间断地拉伸很大和各种规格的线材，生产效率高。

采用拉伸方法也有它的缺点，线材在拉伸过程中，始终有拉伸力和摩擦力的作用，后者在一般情况下占拉伸生产消耗总能量的60% 以上，拉伸道次加工率小，这就增加了拉伸道次和退火次数。但随着超声波、辊式拉模、旋转拉模、震动拉模、强迫润滑等技术的出现，因摩擦而产生的能量消耗已有所下降。

尽管现代化的静液挤压法、摩擦挤压法、微型串连轧机轧制法等可以生产优质的线材，但拉伸方法仍是当今线材生产中最主要的和普遍被采用的加工方法。

1.5　线材的发展概况

随着我国国民经济恢复到平稳发展阶段，线材行业也在迅速发展。自1987 年我国第一台高速线材轧机投产以来，我国线材行业进入了快速发展阶段，工装水平、技术开发研究、产品结构、产品质量等逐渐向国际发达水平看齐。特别是现在，我国已成为世界线材产量和消费大国。

1.5.1　线材行业生产现状

从20 世纪60 年代高速线材轧机诞生以来，随着科学技术的不断进步，高速线材行业的工艺、技术、装备的发展日新月异，轧机装备水平迅速提高，轧制速度由最初的50m/s 提升至120m/s。

在深加工行业方面，我国的线材制品行业经过多年的发展，生产工艺已经基本成熟。目前全国已有大小1000 多家线材制品企业，线材制品的总产量也是世界第一。

1.5.2　线材的技术发展

我国线材生产技术及装备进步很快，从工装状况和产量上来看，已属于线材大国，但在管理、生产技术方面与世界一流水平还有差距，要想从世界线材大国变成世界线材强国，必须在生产高附加值产品、提高产品质量、加快技术改造方面多下功夫，不断增强市场竞争力，使我国线材行业再创新高。下面以铜及铜合金线材为例，简单概述其生产技术及发展。

铜及铜合金线材生产具有悠久的历史，早在18世纪欧洲就开始用铸锭-锻造-拉伸的方法生产铜及铜合金线材，19世纪欧洲发明孔型热轧（横列式轧机)-拉伸生产工艺，铜及铜合金线材进入工业化大规模生产阶段，热轧线坯由于高温氧化而成黑色，因此该生产工艺又称"黑杆"工艺。20世纪70年代新型铜及铜合金线材生产方法不断出现，"黑杆"工艺耗能高、成品率低、环境污染严重的弊端日益突出，目前该生产工艺已被国内外淘汰。我国已明令禁止在铜及铜合金线材生产中使用"黑杆"工艺。

按铸坯形成方式及冷加工方式的不同，目前国内外先进的、成熟的铜及铜合金线材生产工艺主要有：连铸连轧法、上引铸造-拉伸工艺、水平连铸-拉伸工艺、挤压-拉伸工艺、OCC（单晶铜制坯）工艺、连续挤压法等。

1.5.3　铜及铜合金线材品种及用途

国内外铜及铜合金线材按用途不同，均制定有严格的专业技术标准和通用技术标准。铜及铜合金线材广泛应用于电子、电力、仪表、日用五金等工业部门，主要品种有：电力通信用纯铜导线、电子工业用无氧铜导线、眼镜架用锌白铜线材、汽车电气用黄铜导线、集成电路引线、精密弹簧线、铆钉线、辐条帽及接触线等，用量巨大，品种繁多，占铜加工材比例的45%。常用铜及铜合金线材的分类、牌号及用途见表1-3。

表 1-3　铜及铜合金线材分类、牌号及用途

线材分类	合金牌号	状　态	规格/mm	技术标准	用　途
线缆用纯铜线杆	T2、TU1	M	ϕ0.02~24	GB/T 3593	各种通信、输电导体材料
轻工用铜合金线材	H62	M、Y_2、Y	ϕ0.1~6	GB/T 14594	钟表螺钉、按钮、纽扣等
	H65、H68	M、Y_4、Y_2、Y	ϕ0.1~6	参照 GB/T 14594	高能电池芯、金属网、饰品、拉链、按钮、铜扣等
	H80	M、Y_2、Y	ϕ0.1~6	专用标准	按钮、纽扣、别针等
	HPb58-3	Y_2、Y	ϕ1~6	专用标准	易切削材料
	HPb62-0.8	Y_2	ϕ3.5~6	GB/T 14594	自行车条帽
	HPb59-1、HPb63-3	M、Y_2、T	ϕ0.1~6	GB/T 14594	钟表元件、圆珠笔芯、制锁材料

线材分类	合金牌号	状　态	规格/mm	技术标准	用　途
轻工用铜合金线材	B10	M、Y₂、Y	$\phi2 \sim 6$	GB/T 14594	镜架、海洋工程热喷涂丝、饰品、拉链等
	QSi3-1	Y	$\phi0.1 \sim 6$	GB/T 14594	仪表游丝、张力丝
	QSn6.5-0.1、QSn6.5-0.4、QSn4-3	Y	$\phi0.1 \sim 6$	GB/T 14594	T 弹簧、耐磨零件
铜及铜合金焊丝	锡黄铜	1/2H	$\phi1.6 \sim 3$	GB HS212 HS221	熔点 890℃，用于气焊、碳弧焊、硬质合金刀具钎焊
	铁黄铜	1/2H	$\phi1.6 \sim 3$	GB HS222	熔点 860℃，铁、锡、硅、锰的加入能提高强度、流动性、抑制锌蒸发，消除气孔。用于黄铜焊接、铜、钢、灰口铁、硬质合金的钎焊
	硅黄铜	1/2H	$\phi1.6 \sim 3$	GB HS224	熔点 905℃，硅在熔池上可形成致密氧化膜，可防止氢溶入造成气孔。用于黄铜、铜、钢、铜镍合金的钎焊及气焊
	硅青铜	1/2H	$\phi2 \sim 4$	GB 207	高强耐蚀，用于各种焊接方法和铜、钢等金属的焊接、堆焊
	锡青铜	1/2H、H	$\phi2 \sim 4$	AWS ERCuSnA	高强耐蚀，用于各种焊接方法
	铝青铜	1/2H	$\phi2 \sim 4$	GB HS213	高强耐蚀，耐海水腐蚀性能优良，用于氩弧焊
	铝铁青铜	1/2H	$\phi2 \sim 4$	AWS ERCuAl-A3	高强耐蚀，用于氩弧焊，热加工性能良好，冷加工性能较差，主要用于耐海水腐蚀部件的焊接，也可用做低氢电弧焊焊芯
	高锰铝青铜	1/2H	$\phi2 \sim 4$	AWS ERCuMnNiAl	高强，耐海水腐蚀，用于舰穿螺旋桨的修补及焊接
	CuP7、CuPAg2、CuPAg5、CuPAg15	1/2H	$\phi2 \sim 4$	QWY-10 QJY-5B	流动性优良，用于家电、空调的钎焊
	含硅锌白铜	1/2H	$\phi1 \sim 3$	AWS BRCuZn-D	用于仪表、医疗器具、工艺品、电子零件的焊接
	蒙奈尔	1/2H	$\phi1 \sim 4$	GB NCu28-2.5-1.5	用于堆焊钢结构表面防腐，以带或丝供应
	镍合金	O、1/2H	$\phi1.6 \sim 4$	GB/T15620 AWS ERNi-1	用于电子材料的氩弧焊接

线材分类	合金牌号	状　态	规格/mm	技术标准	用　途
铜及铜合金接触线	铜、铜银合金、铜锡合金、铜镁合金	CT85、110、120、150；CTA85、110、120、150；CTAH85、110、120、150；CTM110、120、150；CTMH110、120、150；CTS110、120、150	85mm²、110mm²、120mm²、150mm²	TB-T 2809《电气化铁道用铜及铜合金接触线》	用于电气化铁道接触网用接触线

近年来，交通运输、通信等发展迅猛，对导线的综合性能提出了更高的要求。如电线电缆用双金属复合线、电气化铁路接触网用接触线等得到广泛应用。

1.5.3.1　双金属复合线

电线电缆的导体，通常几乎都采用铜线与铝线，作为架空使用时或某些特殊状态下，也采用它们的合金线，如铜合金线、铝合金线，如果作为加强使用时则采用钢线。然而铜、铝本身固有以下缺点：铜的密度较大，其资源又较为匮乏；铝则电导率较差、强度偏低、较难焊接并有较大的松弛性能；钢虽强度大，但导电性差且较易腐蚀等。科技工作者研制两种不同的金属，利用它们的特性，创造出另一种新型的材料在实际中应用，这就是双金属线材。铜包钢线、铜包铝线作为电工使用线受到青睐。

双金属复合线材的结构特点是以一种金属材料作芯线，外层包覆或镀覆一层导电性能良好的铜或铝。综合了两种或两种以上金属的性能和特质，充分利用金属各自的优点和特性。采用复合线材可达到综合利用芯线的高强度和包覆层的导电性（如铝包钢线），或减少短缺资源的用量、减轻单位长度线材的质量的目的，降低了生产成本，扩大了应用范围。

目前已开发的金属复合线有铜包铝线、铜包钢线、铝包钢线、铜包铝镁合金线以及碳纤维增强铝线等。

A　铜包钢线（简称 CS 或 CCS 线）

铜包钢线（copper clad steel wire）是以钢线为芯体，在钢线表面上均匀覆盖着一层铜的复合线材。铜包钢复合线材既具有铜的导电和抗耐腐的性能，又兼有钢的高强度的优点。钢上包覆的铜层占其体积的 23% ~ 35% 左右，导电率为 30% ~ 40% IACS；薄铜层的铜包钢线，其导电率只有 20% IACS。铜包钢线在高频下具有与相同截面铜线的导电性能。它可与电线组成多种形式的绞线和束线制品，铜层外还可以镀银、镀锡以适应各种不同的特殊要求。铜包钢线在电缆行业中可代替铜导体作为分配线，或在通信业中用作电话用户线。

铜包钢线与纯铜相比有下列优点：

（1）铜包钢线在高频下衰减小于纯铜线，在高频下传输信号损耗小，传输效率高。

（2）在相同截面与状态下（例如硬态），铜包钢线的机械强度是实心铜线的 2 倍，能承受大的冲击与负荷；在环境比较苛刻、移动比较频繁的场所使用时，具有较高的可靠性和抗疲劳性能，使用寿命较长。

（3）铜包钢线可以制成具有不同导电率和抗拉强度的线材，其性能几乎超过或等同所有的铜合金（如 Cu-Zn、Cu-Be、Cu-Be-Co、Cu-Cr 等）的机械电气性能。

（4）铜包钢线以钢代铜，大大节约了铜的消耗量，降低了导线的成本。

B　铜包铝线（简称 CA 或 CCA 线）

铜和铝是电线电缆行业最常用的导电材料。铜强度较高、导电性能优良，导电率为100% IACS，耐摩擦、易焊接，具有较好的抗腐蚀性能，但密度较大，为 8.899×10^3 kg/ m^3，且我国的铜资源较为缺乏。而铝强度较低，导电率为 61% IACS，不耐磨，较难焊接，抗蠕变性能也较差，然而密度小，为 2.703×10^3 kg/ m^3，只有铜的 30%，而且资源也较丰富。

铜包铝就是利用铜及铝的优点发展起来的一种新型金属材料，以占有 10% 的铜截面的铜包铝（对于圆截面线材，其铜层最小厚度为半径的 3.5% 时）为例，其最小导电率为62.9% IACS，密度为 3.329×10^3 kg/ m^3，质量是铜的 37.3%。

铜包铝线（copper clad aluminum wire）有下列优点：

（1）铜包铝线在高频状态下，衰减小于纯铜线或纯铝线，在高频下传输信号损耗小，传输效率高。

（2）铜包铝线仍保持有较高的导电率，表面电气接触可靠，耐腐蚀性能优，与铜相同。

（3）密度接近铝，较小，资源较丰富。

（4）柔软性好，易焊接等。

C　双金属复合线的制备方法

早期采用铝粉轧制法、铝带压合法制备铝包钢线，在产品质量、生产效率与成本等方面，均不能满足大规模应用的要求。铜包钢线的生产方法有焊管法、热浸法及电镀法等。由于焊管法生产工艺的复杂性，产品在成本及性能方面没有竞争优势。热浸法和电镀法因环境问题的限制，难以获得大规模的发展。

铜包铝线最早采用的生产方法是铝线镀铜法。镀铜法虽然较简便，但镀层性能较差，而且镀层与芯线同心度差，难以满足同轴电缆的使用要求，已不再采用。常用的铜包铝线的制备方法有轧辊压接法和包覆焊接法。轧辊压接法是将铜带与铝芯线在压力作用下压接成复合线坯；包覆焊接法是将铜带卷成圆管状，包覆在芯线上通过焊接制成线坯。这两种方法均采用后续拉拔加工法与扩散热处理的复合工艺过程来获得所需的尺寸和性能，对工艺设计有较高的要求。这两种工艺的主要缺点是产品质量的稳定性和一致性较差。

世界各国都非常重视复合线材的研究，无论是替代材料还是制备工艺技术已取得了很大的进展。复合线材制备工艺由电镀法发展到目前的连续挤压法、静液挤压法，制造成本降低，为复合线材的广泛应用奠定了基础。

1.5.3.2　接触线

A　铜及铜合金接触线国内外现状

高速铁路均采用铜合金接触线，额定工作张力较大，并且不断受到电弓的冲击和摩擦，承受电弧烧蚀、温度变化以及环境影响。在这种情况下，要求接触线具有较高的抗拉强度、耐磨性、抗腐蚀性，还要有良好的抗高温软化特性，另外出于节能要求，还要有较好的导电性。由于纯铜导线抗拉强度较低，高温软化性能较差，为了改善性能采取添加银、锡、镁等成分来增加铜合金的机械强度和耐磨性，根据铜合金成分和加工工艺的进步，接触线发展情况见表1-4。

表1-4　铜合金接触线发展情况

顺　序	种　类	特　点
第一代	纯　铜	高导电性，但强度很低，强化方式仅为冷作硬化
第二代	银　铜	高导电但强度低，用于250km时速以下铁路
第三代	普通铜镁、铜锡	目前铜镁接触线强度可达490MPa左右，导电率为63% IACS。强化方式为固溶强化和冷作硬化
第四代	超细晶强化型合金	铜镁接触线强度可达560MPa以上，导电率为65% IACS以上。强化方式为固溶强化、冷作硬化和细晶强化

目前世界各国高铁采用的接触线主要是铜银合金、铜锡合金和铜镁合金的接触线。此外法国在东南线也采用铜接触线，日本还在北陆新干线采用了铜包钢接触线。接触线的规格因具体运营条件和设计的不同有 $110mm^2$、$120mm^2$、$150mm^2$、$170mm^2$ 等不同规格。

我国第一条客运专线——秦沈客运专线，设计时速200km，采用德国生产的 $120mm^2$ 铜银合金接触线，悬挂张力15kN。其中山海关至绥中北约65km为试验段，采用德国生产的 $120mm^2$ 铜镁合金接触线，悬挂张力20kN。后由于机车取流火花大，取流质量差，更换为 $120mm^2$ 的铜锡合金接触线。京津城际铁路采用德国生产 $120mm^2$ 铜镁合金接触线，双列重联动车组的武广、郑西、沪宁、沪杭、京沪和京石武时速350km的高速铁路都是采用德国或德国在我国的独资或合资企业生产的 $150mm^2$ 铜镁合金接触线。其他线路时速250km的客运专线则采用 $150mm^2$ 铜锡或铜银合金接触线。此外，京石武线已开始批量采用拥有完全自主知识产权的国产 $150mm^2$ 高强度铜镁合金接触线。表1-5为国内外最近的时速300km及以上高速铁路铜及铜合金接触线使用概况。

表1-5　部分国家、地区电气化铁路铜及铜合金接触线

国家及地区	线　路	最高时速 /km·h^{-1}	接　触　线			
			材　质	规格 /mm^2	抗拉强度 /MPa	悬挂张力 /kN
中　国	京津城际	单弓350	Cu-0.5Mg （粗晶）	120	490	27.0
德　国	纽伦堡-英格尔斯塔特	350				
西班牙	马德里-塞尔维亚	单弓300 双弓280	Cu-0.1Ag	120	360	15.0
	马德里-巴塞罗那	350	Cu-0.5Mg （粗晶）	150	500	31.5
中　国	武广高铁	双弓350	Cu-0.5Mg （粗晶）	150	500	30.0
	郑西高铁				500	28.5
	京沪高铁				500	28.5
	京石武		CuMg-I		510	30.0

续表1-5

国家及地区	线 路	最高时速 /km·h^{-1}	接 触 线			
			材 质	规格 /mm^2	抗拉强度 /MPa	悬挂张力 /kN
法 国	地中海线 瓦朗斯-马赛	350	Cu-0.5Mg （粗晶）	150	420	25.0
		350	Cu-0.2Sn	150	420	25.0
	大西洋线	300	Cu	150	360	20.0
韩 国	汉城-釜山	300				
日 本	山阳新干线	300	Cu-0.3Sn	170	340	20.0
中国台湾	台北高雄	300				

注：1. CuMg-Ⅰ为采用上引连挤法制造的细晶高强、更高强铜镁合金接触线；

2. 材质栏中除注明（粗晶）者外，均为细晶组织。

B 铜合金接触线制备方法

目前国内外实际大量采用的是铜银合金、铜锡合金、铜镁合金的接触线，它们都属于固溶强化型。由于固溶强化工艺简单、容易实现连续化生产和控制产品性能的均匀性，因而生产成本较低。其制造工艺主要路线如下：

（1）连铸连轧法：（连续熔炼）连续铸坯-连续热轧-冷加工成型。这是传统工艺，氧含量通常在0.0200%~0.0400%，由于氧含量较高，不能生产铜镁合金接触线，可用于生产铜银合金接触线、铜锡合金接触线。产品为再结晶组织，晶粒细小，性能均匀性好，年产量10万~20万吨，适合一次性批量千吨以上、单一品种合金（不适合频繁更换合金品种）供货的连续生产，有较低的生产成本。但通常情况下，施工单位常常是要求根据线路施工进度供货，一次性要求供货量较小，因此大批量生产的低成本优势不易显现。

（2）上引法：（连续熔炼）上引连铸-冷轧减径-冷加工成型，是传统工艺，氧含量为无氧铜级，小于0.0010%，产品为粗大铸态组织，性能指标偏低，均匀性差。目前国外企业（德国、西班牙等）用于铜镁合金接触线生产。过去我国也用于铜、铜银合金、铜锡合金、铜镁合金接触线生产，现在已被上引连挤法替代。

（3）上引连挤法：（连续熔炼）上引连铸-连续挤压-冷轧减径-冷加工成型，这是我国独创的接触线制造工艺，具有完全的知识产权。这种工艺产品氧含量小于0.00010%，达到无氧铜水平，采用连续挤压，实现了铸态晶粒的破碎和再结晶改造。由于细晶强化作用，机电性能指标高，并且性能均匀性好，有利于机车高速下平稳取流。采用上引连挤法工艺可以生产铜镁合金、铜银合金、铜锡合金及铜的接触线产品，生产中变换合金品种比较容易，可适应铁路市场，间断性供货特点，生产成本低，具有最佳的技术经济效益。

复习思考题

1. 简述线材的概念及线材粗细表示方法。
2. 什么是线材拉伸？
3. 简述线材拉伸方法的种类及特点。
4. 双金属复合线材的优点有哪些？
5. 铜合金接触线制备方法有哪几种？

2 线坯生产方法

2.1 连铸线坯法

通过铸造直接制成线坯，可免去轧制或挤压及相关工序，缩短了生产流程，减少了生产设备和场地，降低了投资和生产成本，产品的成品率大大提高。主要有以下形式。

2.1.1 上引连铸法

2.1.1.1 上引连铸原理

上引连铸法是利用真空将熔体吸入结晶器，通过结晶器及其二次冷却而凝固成坯，同时通过牵引机构将铸坯从结晶器中拉出的一种连续铸造方法。上引铜杆所用结晶器示意图如图 2-1 所示。

该结晶器主要是由铜质水冷套、石墨质内衬管及真空室等组成。铸造时，结晶器的石墨内衬管垂直插入熔融铜液中，根据虹吸原理，铜液在抽成真空的石墨管内上升至一定高度，当铜液进入石墨管外侧冷却水套部位以后，铜液被冷却和凝固。与此同时，牵引装置也不停地将已凝固的铜杆从上面引出。铜杆离开结晶器时的温度约 155℃。

上引连铸过程中，结晶器对铜杆的冷却为一次冷却，铜杆离开结晶器后通过辐射散热，称为二次冷却。

由于在结晶器中铜液的冷却和凝固所散发出的热量都是以间接方式进行，且铸坯发生收缩时即已离开模壁，加上模内又处于真空状态，铸坯的冷却强度受到一定限制，生产效率比较低。上引连铸铜杆通常采用多头（即多个结晶器）铸造，可通过改变上引杆的头数灵活增减上引机的产量。

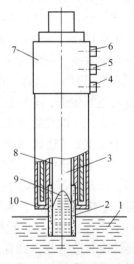

图 2-1　上引连铸用结晶器结构示意图
1—铜液；2—石墨内衬；3—铸造杆；
4—进水口；5—出水口；6—抽真空口；
7—结晶器头部；8—真空室；
9—液穴；10—冷却水套

2.1.1.2 上引连铸装置

一套完整的上引连铸设备包含熔炼炉、保温铸造炉、牵引系统和收线机四部分。

熔炼炉、保温铸造炉通常采用工频感应电炉，也有的采用电阻炉。结晶器装载在牵引机的悬挂装置上。收线系统由一套铜杆长度控制限位器和牵引、盘卷及托盘组成。

图 2-2 是同时铸造 6 根铜线坯的上引连铸生产线装置示意图。

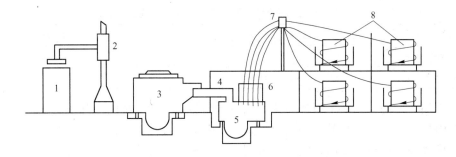

图 2-2　上引连铸生产线装置示意图

1—料筒；2—加料机；3—感应熔化电炉；4—流槽；5—感应保温炉；

6—结晶器；7—夹持辊；8—卷线机

熔炼炉和保温铸造炉的配置可分为两种：一种是分体式配置，即熔炼炉和保温炉分别独立；另一种是连体式配置，是将熔炼炉和保温铸造炉做成一体，熔炼炉中的铜液通过两熔池间的通道自动进入保温铸造炉。

两种不同配置方法的比较见表 2-1。

表 2-1　熔炼炉和保温铸造炉的不同配置比较

炉 型	优 点	缺 点
分体式	成分控制均匀，保温铸造炉温度波动小，铜液经过精炼，质量可控	铜液在转移过程中保护困难，保温炉液位有较大波动，液位跟踪器频繁启动
连体式	炉子位液稳定（操作熟练后可基本控制不变，不用位液跟踪器）、铜液保护好、操作简便	保温炉的温度受加料影响大，精炼作用差，原料品质波动对产品质量影响明显，生产合金时成分波动大

目前上引铸造铜杆生产线，越来越趋向于采用连体式配置。因为熔炼炉与保温铸造炉各自独立时，不利于铸造铜线杆产品质量的稳定，同时消耗也比较高。

2.1.1.3　上引铜杆的生产

目前，上引连铸法主要用于生产无氧铜杆，也适合于黄铜合金线杆和铜管坯的生产。24、12、10、8 头上引机组已广泛使用，一般上引连铸线坯生产铜杆的规格范围大多在 $\phi8 \sim 32mm$，紫铜系列常见的有 $\phi8mm$、$\phi14.4mm$、$\phi16mm$、$\phi17mm$、$\phi20mm$ 等。一般来说，铜杆直径尺寸越大，要求系统（主要指结晶器能力）的冷却能力越强。

对于紫铜而言，上引的 $\phi8mm$ 铜杆可直接用拉丝机拉制 $\phi2 \sim 3.5mm$ 线材，上引 $\phi8mm$ 以上的铜杆则用轧机或巨拉机加工成 $\phi8mm$，再用拉丝机拉伸。

上引黄铜杆一般是采用拉丝机拉伸加工，为保证成品线的表面质量和物理性能，上引线坯的总加工率必须达到 70% 以上。

上引铜杆工艺参数的控制：

（1）铸造温度的控制。熔炼炉与保温铸造炉的铜液温度应该基本一致。稳定的温度控制，对稳定的铸造过程非常有利。表 2-2 为生产中某些工厂推荐的熔炼炉和保温铸造炉内铜液的温度。

表2-2 熔炼炉和保温铸造炉内铜液的温度

合 金	熔炼炉最高温度/℃	保温铸造炉温度/℃
纯铜	1160~1190	1140~1180
H62	喷火（约1110）	950~980

（2）上引速度的控制。上引连铸速度除与结晶器结构和系统的冷却能力有关外，还与上引的牵引机构有关。系统的冷却能力越大，上引铜杆直径越小，上引速度也就越快，机构控制精度越高，运行速度越稳定，越有利于引拉速度的提高。表2-3为生产中某些工厂推荐铜杆上引速度。

表2-3 铜杆上引速度

铜杆直径/mm	8~10	12~15	16~20	25~32
上引速度/m·min⁻¹	2.5~3.5	0.7~1.5	0.5~1.0	0.3~0.7

（3）冷却强度的控制。一般地，上引铸造铜杆时结晶器的进水温度可以控制在20~32℃，水流量可以控制在18~35L/min。

上引连铸用的冷却水硬度应低，且水质清洁、无悬浮物，以保证结晶器内水路畅通、不结垢。同时可以减少对结晶器的清理次数，提高设备的利用率。

（4）铜液的质量控制。生产中熔炼炉通常采用弱还原性气氛熔炼，因此应该选用优质的阴极铜作原料。熔炼炉和保温铸造炉内的熔池，可采用干燥的木炭或鳞片石墨作为覆盖剂，以隔绝空气，避免氧化和保护熔体。

2.1.1.4 常见缺陷及产生原因

上引铜杆常见的缺陷主要有表面裂纹、空心、夹杂及表面擦伤、划伤等，这些缺陷可导致线材加工时断裂、起刺，产品电导率、抗拉强度、伸长率等物理和力学性能差等缺陷，见表2-4。

表2-4 上引铜杆产品主要缺陷及产生原因

缺陷名称	产 生 原 因
裂 纹	（1）杂质元素或氧含量偏高，结晶组织中出现低熔点物质； （2）工艺不合适，如温度波动大、上引速度太慢、节距偏长等； （3）结晶器使用时间太长，表面不光滑
空 心	（1）铸造温度太高，或结晶器冷却能力不够，中心出现疏松； （2）铜液中气体含量偏高，凝固过程中气体大量析出
夹杂、杂质	（1）原料本身杂质元素含量偏高； （2）结晶器位置偏高，溶液表面的杂质被吸入结晶器内； （3）操作不当，杂质被搅入铜液中
擦伤、划伤	一般由机械故障造成

2.1.2 水平连铸法

水平连铸技术是20世纪70年代英国发明的铜及铜合金坯料制备方法，在铜及铜合金线坯生产中被广泛应用，具有生产合金品种多、规格变化灵活、投资小、能耗低、工艺简单等优势。水平连铸技术可以生产紫铜、黄铜、青铜、白铜等各种合金线坯和铝线坯，坯料规格变化灵活，既可以生产大直径的棒坯又可以生产小规格的线坯，可根据成品线径选择坯料尺寸，在保证产品组织、性能的基础上，最大限度地减少拉伸、退火次数，简化生产工艺，提高生产效率，特别是在合金异型线坯制造、高强度难变形合金线材及铸造合金棒材生产方面具有独特的优势，成为线材生产的主流制坯技术。其主要结构为：

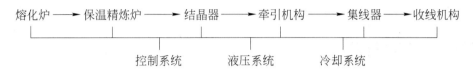

熔化炉内的合金熔体连续通过铸造结晶器、引线机、收线装置等获得线坯，线坯规格在 $\phi 8 \sim 25mm$ 之间，可提供大卷重线坯，目前主要用于铝、紫铜、黄铜、青铜和某些白铜线坯的生产。

由于水平连铸出坯速度较慢，与上引法同样采用多头铸造，提高水平连铸供坯能力和生产效率，目前水平连铸根据坯料规格不同，连铸数量一般为 1 ~ 24 根。国内水平连铸设备主要铜及铜合金线坯规格如表 2-5 所示。

表 2-5 国内水平连铸设备铜线坯规格

铸造头数	规格范围/mm	合金品种	收线形式
6	$\phi 14 \sim 25$	紫铜、黄铜、青铜、白铜	立式
8	$\phi 12 \sim 18$	紫铜、黄铜、青铜、白铜	立式/卧式
10	$\phi 12$	紫铜、黄铜、青铜、白铜	立式/卧式
12	$\phi 8$、$\phi 12$	紫铜、黄铜、青铜、白铜	立式/卧式
24	$\phi 8$	紫铜、黄铜、青铜、白铜	立式/卧式

注：1. 生产紫铜一般采用潜流式（二合一、三合一）炉子；
　　2. 生产其他合金一般采用熔化、保温铸造炉分离的炉型。

图 2-3 是一种不用结晶器的水平连铸铝线坯法。当引杆头部插入到炉墙上石墨块钻孔内时，引杆头部周围的铝液受到急冷凝结与杆头黏结，随着引杆水平移动被拉出孔外，此

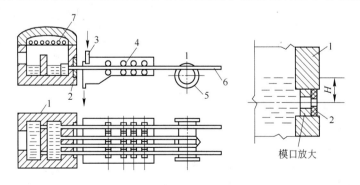

图 2-3 无结晶器水平连铸铝线坯示意图
1—熔炉；2—模口；3—喷水管；4—导辊；5—卷筒；6—引杆；7—电阻丝

时，炉内的铝液在本身静压力和表面张力作用下，依靠其表面氧化膜及凝壳的冷凝收缩作用，沿着模口被连续地拉出来，而后在喷水的冷却下凝固，经导辊到达卷取机上盘成卷。这种直接水冷而成的线坯，直径小，冷速大，组织细密，强度和可塑性好，可直接在铸台下冷拉成线材。

此法的特点是：设备和工艺简单，生产小规格铝线坯质量好，但连铸过程和线坯直径的稳定性不易控制。

2.1.3　轮带式连铸

2.1.3.1　轮带式连铸原理

轮带式连铸是指采用由旋转的铸轮以及与该铸轮相互包络的钢带所组成的铸模进行浇注的一种特殊铸造方式。图2-4为轮带式连铸过程原理图。

铸轮周边的凹槽呈船形，用一条无端钢带将铸轮和惰轮包覆起来，槽与钢带之间的空间即为模腔。铸轮和钢带均采用水冷却。经流槽浇注的铜液温度和流量、铸轮的温度、冷却水的温度和流量、引拉速度等都受到精确控制，从而可获得稳定的结晶组织和开轧温度。

轮带式连铸不仅可以连铸线坯，也可以连铸带坯。

2.1.3.2　轮带式连铸装置

由于铸轮与钢带包络的方式不同，组成的连铸机类型也不同。图2-5为塞西姆连铸机结晶轮结构的冷却装置。

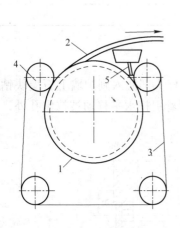

图 2-4　轮带式连铸过程
原理示意图
1—铸轮；2—铸坯；3—钢带；
4—导轮；5—浇注口

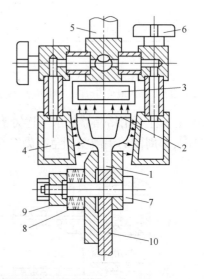

图 2-5　塞西姆连铸机结晶轮结构的冷却装置
1—结晶轮槽环；2—钢带；3—外冷却；4—侧冷却；5—进水管；
6—调整阀；7—螺栓；8—蝶形弹簧；9—螺母；10—辐射板

结晶轮通常采用导热性能良好的纯铜或高铜合金制造，钢带采用厚 2.0 ~ 3.0mm 的低碳钢或合金钢材料制造。

结晶轮槽环 1 被螺栓 7 和蝶形弹簧 8 夹持在辐射板 10 上，此结构有利于避免结晶轮槽环受热膨胀变形。

在结晶轮槽环周围喷射的冷却水应符合金属结晶规律，沿结晶槽环分阶段控制压力和流量。喷设冷却水范围一般从浇嘴入口处起，按铸轮旋转方向转 90°~120°。钢带外侧的冷却水也应分阶段进行控制。

图 2-6 为常见的一种五轮带式连铸机组示意图。

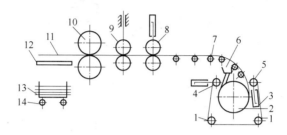

图 2-6　五轮带式连铸机组示意图

1—导轮；2—结晶轮；3—钢带；4—压紧轮；5—张紧轮；6—中间包；
7—引矫；8—牵引机；9—铣边机；10—对辊剪；11—铜线坯；
12—翻板机构；13—剪断的铜线坯；14—堆料小车

2.1.3.3　轮带式连铸的应用

轮带式连铸通常通过中间包并采用小断面流嘴进行浇注，从而有利于细化结晶组织。但由于结晶过程是在圆弧形结晶器内进行的，凝固收缩时容易引起裂纹，铸造低氧、无氧铜比较困难。轮带式铸造的铸坯进入连轧前矫正铸坯的矫直应力比较大，也容易引起裂纹。因此，轮带式连铸机主要用来铸造氧含量为 0.025%~0.045% 的韧铜线坯。

2.1.4　钢带式连铸

2.1.4.1　钢带式连铸原理

钢带式连铸，即金属熔体被浇注到由上下环形钢带和左右环形青铜侧链组成的结晶腔，从而被冷却和凝固成坯的一种特殊铸造方法。

2.1.4.2　钢带式连铸装置

美国哈兹列特连铸机是这一类装备的典型代表。图 2-7 为哈兹列特双带式连铸系统示意图，图 2-8 为哈兹列特双带式连铸结晶器。

铸造过程是在两条同步运行的无端钢带之间进行。结晶器用钢带是一种专用的冷轧低碳特种合金钢带。

金属浇注是通过漏斗进行的，此漏斗的浇口正对着上、下框架构成的模腔入口。

结晶器的倾角是可以调整的。浇注时，如果想使金属流的湍流小些，应采用较小的倾角。如果想缩小结晶器入口处熔池长度，以防金属氧化，应采用较大的倾角。浇注铜线坯

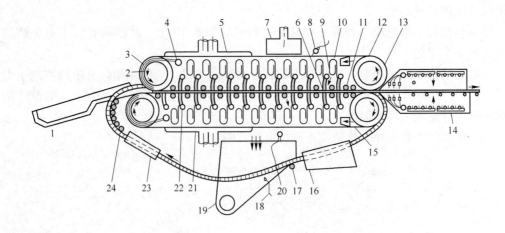

图 2-7　哈兹列特双带式连铸系统示意图

1—浇注漏斗；2—压紧轮；3—盘圆管喷嘴；4—集流水管；5，21—钢带烘干器；
6—回水槽；7，19—排风系统；8，20—钢带涂层；9—分水倒流器；10—集水器；
11—鳍状支撑辊；12—上钢带；13—后轮；14—二次冷却室；15—下钢带；
16—挡块冷却；17—下支撑辊；18—挡块涂层装置；22—高速冷却水
喷射口；23—挡块预热器；24—挡块

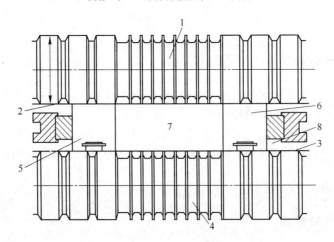

图 2-8　哈兹列特双带式连铸结晶器

1，4—上、下鳍状支撑辊；2，3—上、下钢带；
5，6—左、右挡块；7—模腔；8—穿块带子

的连铸机结晶器倾角通常采用 10°。

　　铸造开始前，将引锭头插入钢带与边块构成的模腔中，使结晶器封闭。开动连铸机的同时，必须保证钢带移动速度和金属流量之间的平衡，使液面刚好保持在低于结晶器开口处。

　　钢带的冷却系统如图 2-9 所示。高速冷却水从给水管上的喷嘴射出，经过由金属制作的弧形挡块后，切向冲刷钢带，穿过支撑辊上的环形槽，流入集水器，再从集水器进入排水管返回冷却水池。钢带从出口点离开铸坯后在空气中自然冷却，当重新运行至浇口之前

又受到喷射嘴射出水的冷却。

由于金属在凝固过程中伴随有收缩现象，因此整个冷却和凝固过程可在结晶器总长度的三分之一、二分之一甚至全长上连续进行。采用向铸坯表面直接喷射冷却水的方式，可以提高铸造速度。

结晶器的钢带寿命短，通常每运行一个班需要更换一次。

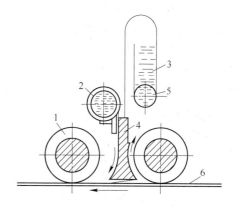

图 2-9 钢带冷却系统
1—支撑辊；2—给水管；3—集水器；
4—弧形挡块；5—排水管；6—钢带

2.1.4.3 钢带式连铸应用

表 2-6 为克虏伯公司生产的哈兹列特-克虏伯铜线坯连铸连轧机列及其主要技术性能。其主要是在哈兹列特双带式连铸机的基础上，配上了 10~15 座两辊交替式轧机。

表 2-6 哈兹列特-克虏伯铜线坯连铸连轧机列及其主要技术性能

型 号	生 产 率			机架数（生产 ϕ8mm 线坯）	铸坯截面尺寸/mm × mm
	t/h	万吨/a（二班生产）	万吨/a（三班生产）		
40C15/40W15	40	11.25	16.9	15	50 × 120
25C13/25W13	25	7.0	10.5	13	50 × 90
20C12/20W12	20	5.7	8.5	12	50 × 60
12C10	12	3.3	5.0	10	38 × 50

哈兹列特-克虏伯铜线坯连铸应用实例：熔炼炉采用竖式炉，50t/h；浇注炉采用感应电炉，容量25t，800kW；铸坯规格50mm×110mm，出坯速度11m/min。

哈兹列特-克虏伯铜线坯连铸连轧机，由于采用大铸坯断面和高效冷却系统，生产效率非常高。生产 50mm×120mm 铸坯时，生产率为 40t/h；生产 70mm×140mm 铸坯时，生产率为 55t/h。

2.1.5 浸渍法

2.1.5.1 浸渍成型铸造原理

浸渍成型铸造，亦称浸涂成型铸造，是利用冷铜杆的吸热能力，用一根较细的铜芯杆（种子杆），在液体中浸渍而凝固成型的一种特殊铸造方法。图 2-10 为浸渍成型铸造原理示意图。

将经过扒皮、相对温度较低的芯杆（即种子杆），以一定的速度沿垂直方向通过有定量熔融铜的石墨坩埚。铸造过程中，移动的种子杆不断从熔融铜中吸热，熔融铜不断放

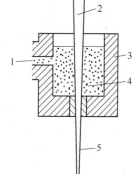

图 2-10 浸渍成型铸造原理示意图
1—保护气；2—铸造杆；3—坩埚；4—铜液；5—种子杆

热，即熔融铜不断在种子杆表面凝固，从而获得直径大于种子杆的铸造杆。

铸造杆直径与种子杆温度、铜液温度、坩埚中液面高度以及种子杆的移动速度等因素有关。当这些因素都稳定不变时，铸造杆直径为一定值。

浸渍成型铸造的热交换过程，与传统的铸造方法相反。传统方法采用结晶器或其他形式的铸模，热流的方向是由里向外；浸渍成型铸造时热流的方向是由外向里。附着比是浸渍成型铸造的一个重要参数。附着比大，铸造效率高。

2.1.5.2 附着比

附着比，即附着质量与种子杆质量之比，亦称生成率。当熔体温度、种子杆尺寸与温度、种子杆通过熔体速度等条件一定时，附着比可用下式表示：

$$R = G/g \tag{2-1}$$

式中 R——附着比；

　　　G——附着质量，kg 或 g；

　　　g——种子杆质量，kg 或 g。

基于浸渍成型铸造是从熔融铜中吸收熔化潜热而使熔融铜在其表面附着凝固的原理，若凝固体的热容为温度的函数，则可由单纯的热平衡确定最大附着量。铸铜时，若铸造杆的温度为 1050℃时，则种子杆的质量与附着的质量之比为 2：1。

如果种子杆通过熔体的速度过慢，或者熔体温度过高，熔体不仅不会在种子杆表面凝固，反而能使种子杆自身熔化，线径缩小。反之，如果种子杆通过熔体的速度过快，或者熔体温度过低，则铸造杆会产生表面结疤等缺陷。

2.1.5.3 现代浸渍成型铸造的主要工艺特点

（1）浸渍成型铸造是以种子杆作为铸模，因此省去了与铸模有关的设备及材料消耗。

（2）浸渍成型铸造过程中，从种子杆进入石墨坩埚一直到铸造杆生成，都不与其他介质接触，因此铸造杆并不会产生夹杂等缺陷。

（3）整个铸造过程都在保护气氛下封闭进行，非常适合于高品质无氧铜线坯的连续生产。

（4）可以直接铸造断面非常小的铸造杆。

2.1.5.4 浸渍成型铸造装置

图 2-11 为浸渍成型法连铸连轧生产线工艺装备示意图。

浸渍成型铸造装置主要由保温炉、石墨坩埚、上下传动和种子杆，以及种子杆扒皮装置、冷却系统等组成。

2.1.5.5 浸渍成型铸造的优点

浸渍成型铸造没有铸模，采用的是中心铸模方式，即铸造过程中的热流和凝固方向与其他铸造方式完全不同的铸造方式。浸渍成型铸造的主要优势在于：

（1）完全不受铸模机的约束，可以进行高速铸造。

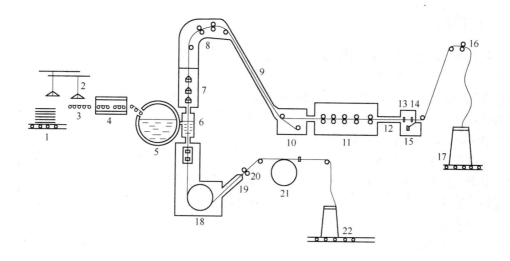

图 2-11 浸渍成型法工艺装备示意图

1—阴极铜；2—真空装料机；3—轨道；4—预热炉；5—组合炉；6—石墨坩埚；
7—冷却室；8—上传动；9，12—冷却管；10，15—张力调节器；11—直列式
轧机；13—吹干器；14—探伤仪；16—烧杆机；17—成品杆；18—主传动；
19—扒皮装置；20—导向装置；21—拉丝机；22—种子杆

（2）可以生产出断面非常小的铸造杆。

早在 20 年以前，世界上就已经有 20 多条浸渍成型连铸连轧生产线投入使用，当时即有 4 条生产线生产率达到 10t/h 以上，且能生产高品质无氧铜产品。

表 2-7 为浸渍成型铸造设备的主要技术经济参数。

表 2-7　浸渍成型铸造设备的主要技术经济参数

参　数		熔化-保温炉结合一体的炉组			熔化-保温炉分开的炉组	
净生产能力	小时产量/t	3.6	6	7.5	10	
	年产量/t·a⁻¹	21600	36000	45000	60000	
杆直径/mm	扒皮后种子杆	7.2	9.6	10.8	12.7	
	铸造杆	11.8	15.9	17.8	20.7	
	标准成品杆	9.6，8	12.7，9.6，8	14.4，12.7，9.6，8	17，14.4，12.7，9.6，8	
	种子杆	9.6	12.7	14.4	17	
保护性气体耗量/m³·h⁻¹	生产运转	1381	2232	2812	2571	(3835)
	生产准备		522	532	637	(761)
循环水量/m³·h⁻¹	生产运转	17	17	17	236	(42.5)
	生产准备	8	8	8	62.3	
水消耗损失/m³·h⁻¹	生产运转	3.5	7.4	9.3	11.5	(14.0)
	生产准备	1.2	3.0	3.8	4.6	(5.6)
轧机架数		4	5	8 (7)	10 (9)	10 (9)

注：括号内数据为不用阴极铜预热炉时的数据。

2.2　连铸连轧线坯法

自 Properzi 两轮轮带机问世后，相继出现了三轮、四轮、五轮及六轮轮带式连铸机，如 Secim 式、Mann 式、Spidem 式及 SCR 式轮带式连铸机等。在这些连铸机后面配置轧机组成连铸连轧生产线。在很长一段时间里轮带式连铸连轧机列主要生产铝线坯，到 20 世纪 70 年代中期推广生产铜线坯。引人瞩目的是 60 年代末开发的 SCR、Up—Forming 法及 70 年代初的 Contirod 法，现已推广使用于线坯的生产，效益显著。

连铸连轧法为光亮铜线坯的主要生产方法。典型的连铸连轧机由竖式熔炼炉、保温炉、轮带式或双带式连铸机、连轧机、冷却清洗、卷取、包装等装置组成。阴极铜连续加入竖炉，依次经熔炼、保温、连铸、连轧、冷却清洗及卷取等工序，即为 $\phi8mm$ 光亮线坯盘卷。连铸连轧线坯法的生产能力很大，小时产量为 5 ~ 60t，目前全世界 80% 以上的铜导线是采用连铸连轧铜线坯生产。

图 2-12 为 Properzi 法生产机列示意图。它是由阿萨克（ASARCO）竖炉、保温炉、轮带式连铸机、剪切机、去棱机、Y 型三辊式轧机、清洗涂蜡机和卷线机等组成。这种连铸连轧机结构简单，易于加工制造，一般配以计算机控制生产过程，增加了生产线的稳定性。其缺点是正常生产中存在钢带寿命短及与带坯相碰等问题。

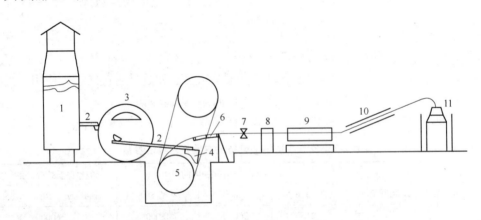

图 2-12　Properzi 法生产机列示意图

1—竖炉；2—液槽；3—保温炉；4—浇斗；5—连铸机；6—传感装置；

7—剪切机；8—去棱机；9—连轧机；10—清洗机；11—卷线机

图 2-13 为 SCR 连铸连轧铜线坯机列示意图，此法和 Properzi 法基本相同。其设备由阿萨克竖炉、保湿浇注炉、SCR 连铸机、二辊悬臂式平/立辊轧机、剪切机组和收线装置等组成。SCR 生产工艺的主要优点是简化工艺流程，稳定产品质量，最大限度地降低产品的加工成本，提高成品率，并能够向大型化、规模化方向发展。

2.3　挤压制坯法

传统的挤压法生产线坯是将铸造好的锭坯经加热后放入挤压筒内，在压力作用下通过模孔成型线坯，经在线卷取成盘卷，待冷却后收入集线架。一般挤压圆线坯的规格为 $\phi8$ ~ 16mm，还可以挤压成断面比较复杂的异型线坯。挤压能得到很好的坯料组织，有利于后

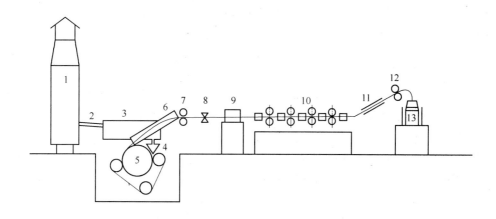

图 2-13 SCR 法生产机列示意图

1—竖炉；2—液槽；3—保温炉；4—浇斗；5—SCR 连铸机；

6—弧形辊道；7—导辊；8—辊剪；9—去棱机；10—连轧机；

11—清洗机；12—夹辊；13—卷线机

序拉伸加工。挤压生产灵活性大，适于合金牌号多、批量小的铜合金线材生产。其主要缺点是由于存在压余，所以成品率低，另外在一根线坯上前后的性能很不均匀，设备投资较大。

2.3.1 金属挤压的基本原理

金属挤压的基本原理见图 2-14。金属挤压加工是用施加外力的方法使处于挤压筒中承受三向压应力状态的金属产生塑性变形。挤压时首先将加热锭坯放入挤压筒内，在挤压轴压力的作用下使金属通过模孔流出，从而产生断面压缩和长度伸长的塑性变形过程，获得断面形状、尺寸与模孔相同的线坯制品。金属挤压加工具备以下三个条件：

（1）使金属处于三向压应力状态。

（2）建立足够的应力，使金属产生塑性变形。

（3）有一个能够使金属流出的孔，提供阻力最小的方向。

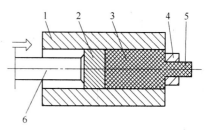

图 2-14 正向金属挤压

1—挤压筒；2—挤压垫片；3—锭坯；
4—挤压模；5—挤压制品；6—挤压轴

挤压法生产对锭坯表面质量要求高；挤压机的生产效率高；挤压时必须要保证筒内干净、光滑；对难挤压合金和黏性很大的合金可采用不脱皮挤压；挤压型材和多孔模挤压时，设计合理的模孔位置，可使金属流动尽量保持均匀和对称，避免产生扭曲、波浪、裂边等质量缺陷。

2.3.2 挤压工艺参数选择的原则和方法

最佳的挤压工艺包括：

（1）正确选择挤压方法和挤压设备。

（2）确定合理的锭坯尺寸和正确确定挤压工艺参数。

（3）选择优良的润滑条件和采用最佳的挤压工具设计。

2.3.2.1　挤压方法的选择

金属的基本挤压方法是正向挤压法和反向挤压法。在实际生产中可根据被挤金属材料不同的特性及流动不均匀性、高温塑性和产品质量要求等，来选择挤压方法和挤压设备。

A　正向挤压

正向挤压法已用于挤压各种制品。根据被挤压金属材料的不同性质，可采用脱皮挤压、水封挤压、包套挤压、润滑挤压、多孔模挤压等。

B　反向挤压

（1）根据不同金属材料的流动特点，考虑哪些材料可采用反向挤压。一般采用平模润滑反向挤压铜和铜合金的线材，有利于提高挤压制品组织性能的均匀性和减小挤压制品的缩尾。

（2）对需要进行润滑挤压的金属材料，可采用反向挤压。

2.3.2.2　挤压工艺参数选择

A　锭坯尺寸选择原则

（1）为保证挤压制品端面上组织和性能均匀，其变形程度大于85%，一般可取90%以上。

（2）在挤压定尺或倍尺产品时，应考虑压余量的大小及制品切头、尾所需的金属量。

（3）为提高成品率，可采用长锭坯挤压，一般取锭坯长度为 1.5～3 倍的锭坯直径。

（4）确定锭坯尺寸时，必须要考虑设备的能力和挤压工具的强度。

（5）为保证操作顺利进行，挤压筒与锭坯之间，应留有一定间隙。

B　锭坯直径和长度的确定

a　锭坯直径的确定

挤制线材的锭坯直径：

$$D_0 = d\sqrt{\lambda n} - \Delta D \tag{2-2}$$

式中　D_0——锭坯直径，mm；

　　　d——成品外径，mm；

　　　λ——挤压比；

　　　n——模孔个数；

　　　ΔD——锭坯与挤压筒间隙，mm。

锭坯直径与挤压筒直径有直接关系，确定挤压筒直径时，必须满足以下三个条件：

（1）挤压比的大小应满足制品质量的要求。

（2）单位挤压力的大小应满足金属塑性变形的需要。

（3）挤压力不能超过设备能力。

b　锭坯长度的确定

$$L_0 = K[(L + L_1)/\lambda + h] \tag{2-3}$$

式中 L_0——锭坯长度，mm；

　L——成品长度，mm；

　L_1——切头、尾长度，mm；

　λ——挤压比；

　h——挤压压余的厚度，mm；

　K——挤压压填充系数：$K = F_筒/F_锭 = D^2_筒/D^2_锭$。

在实际生产中，锭坯长度的确定还须考虑切定尺和倍尺的余量。

C　挤压比的确定

（1）根据制品的温度范围，为避免制品表面粗糙和产生裂纹，应选择适当的挤压比。

（2）根据制品的组织与性能要求，为获得较高的力学性能，应尽量选择大挤压比，一般不小于 10 ~ 12。

（3）最大的挤压比受挤压机的挤压力、挤压工具的强度限制，选择挤压比时，不能超过设备能力。

挤压比计算公式：

$$\lambda = F_t/\Sigma F \tag{2-4}$$

对于圆形棒线制品：

$$\lambda = D^2_t/(nd^2) \tag{2-5}$$

式中 λ——挤压比；

　F_t——挤压筒的断面面积，mm^2；

　ΣF——挤压制品的总断面面积，mm^2；

　D_t——挤压筒的直径，mm；

　d——挤压制品的直径，mm；

　n——模孔个数。

铜及铜合金挤压比见表 2-8。

表 2-8　铜及铜合金最大挤压比和常用挤压比

合金牌号	挤压温度/℃	最大挤压比	常用挤压比
紫　铜	750 ~ 920	400	100 ~ 200，T2 线坯 160
黄　铜	670 ~ 870	100 ~ 300	5 ~ 50，H62 线坯 225
铅黄铜	550 ~ 680	300	5 ~ 50，HPb59-1 线坯 225
铝黄铜	640 ~ 800	75 ~ 250	5 ~ 45
锡黄铜	640 ~ 820	300	5 ~ 45
铝青铜	740 ~ 900	75 ~ 100	7 ~ 60
锡青铜	650 ~ 900	80 ~ 100	5 ~ 25
锡磷青铜	850 ~ 940	30	5 ~ 22
硅青铜	660 ~ 840	30	4 ~ 20
白　铜	900 ~ 1050	80 ~ 150	10 ~ 20
锌	140 ~ 250	200	

2.3.3　连续挤压技术（conform）

所谓连续挤压是相对于传统挤压工艺而言的，传统挤压工艺是单根间断地进行生产，而连续挤压工艺可以连续供给坯料、连续挤出制品，从而实现连续生产的一种工艺方法。

连续挤压是 20 世纪 70 年代英国提出的塑性加工新方法，该技术从提出到工业化应用历经了不断地完善、提高和应用领域扩展的过程。我国自 1984 年开始从国外引进设备，当时主要用于电冰箱铝管的生产。经过多年的消化吸收、技术研究，连续挤压技术在我国得到了很大的发展。在设备方面，从 250 单槽挤压发展到 350 双槽挤压和包覆；在所生产产品的品种方面，从单一材料发展到多种材料的复合，实现了直接包覆和间接包覆；在成型的金属材料方面，从铝、铜扩展到铝合金及铜合金。典型的产品有铜扁线、电机换向异型线坯、异型滑触线（图 2-15）等。

2.3.3.1　连续挤压原理

连续挤压工作原理见图 2-16。这种方法的工作原理是，在可旋转的挤压轮表面带有方凹槽，其 1/4 左右的周长与挤压靴的导向块相配合，形成一个封闭的方形空腔，将挤压模固定在导向块的一端。挤压时，将比方形空腔断面大一些的圆坯料端头碾细，然后送入空腔中，借助于挤压轮凹槽与坯料之间产生的摩擦力，将坯料连续不断地拉入空腔中，坯料在初始咬入区中逐渐产生塑性变形，直到进入挤压区并充满空腔的横断面。金属在挤压轮摩擦力的连续作用下，通过安装在挤压靴上的模子连续不断地挤出所需要断面形状的制品。

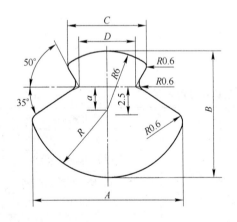

图 2-15　异型滑触线 85mm/100mm/110mm

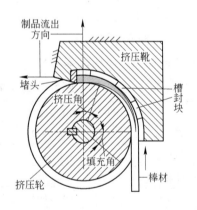

图 2-16　连续挤压工作原理示意图

连续挤压法的特点：（1）生产线灵活。（2）不用加热坯料，节省能源。（3）可生产超长制品，其表面光洁程度好。（4）产品规格小、精度高。（5）坯料可多样化。（6）设备小巧玲珑、占地面积小、投资少、见效快。（7）工序少、生产效率高、产品成品率高。

连续挤压技术以其独特的优势在铝及铝合金、铜及铜合金等有色金属加工上具有广泛的应用，产品包括线材、棒材、带材、型材以及包覆材料。此法实质是特长的金属线坯在摩擦轮的强迫送进之下，金属从模孔中塑性变形流出，变形热使金属本身加热，变形区温度高达 $600 \sim 800℃$，从而实现了金属动态再结晶。

2.3.3.2 铝及铝合金连续挤压

由于连续挤压成型的压力和温度完全依赖于工具与坯料间的摩擦，因而摩擦速率与材料温升速度、变形温度与变形抗力、摩擦发热与热量传导等因素决定了变形过程。铝及软铝合金具有摩擦效应显著、变形抗力小、变形温度低等特点，因此，连续挤压技术在铝管和铝型材加工业中的应用尤为广泛。采用连续挤压法挤压纯铝及软态铝合金时，最大挤压比可达 200。

2.3.3.3 铜及铜合金连续挤压

对于铜及铜合金制品，连续挤压法一般局限于加工各种焊丝、$\phi 5mm$ 以下的线材以及小尺寸（断面积 $20mm^2$）简单断面形状的实心或空心异型材。挤压铜及铜合金线的最大挤压比可达 $20 \sim 30$。上引铜杆经过一道连续挤压即可进入后续的精整拉拔工序，大大缩短了工艺流程。通过对该技术的消化、吸收、创新，已成功生产出铜及铜合金管棒材、异型材。由于铜与铝相比，其变形抗力、变形温度都很高，因此在连续挤压过程中一定要解决好如下几个非常重要的工艺问题：

（1）铜变形温度。通常铜在 $750 \sim 900℃$ 时的塑性最好，在此温度范围内既能使铜易于成型，又能减小变形抗力。为了保证在型腔中达到这一温度，就要设计合适的有效摩擦长度。

（2）挤压轮转速。挤压轮转速决定着挤压速度，但转速过高会增加不均匀变形程度和变形热量，从而降低模具寿命。

（3）模具强度。铜在变形时温度很高，变形抗力也很大，并且挤压过程是连续进行的，模具冷却比较困难，因此，对模具的高温强度提出了很高的要求。

连续挤压机主要技术指标见表 2-9。连续挤压生产线示意图见图 2-17。

表 2-9 部分连续挤压机技术指标

连续挤压机型号 主要技术指标	TLJ250 型	TLJ300 型	TLJ350 型
合金品种	紫铜	紫铜/铜合金	紫铜/铜合金
挤压轮直径/mm	250	300	350
主机功率/kW	45	90	160
主机质量/kg	5500	7000	14000
线杆直径/mm	8	12.5	16
产品面积/mm²	5 ~ 60	10 ~ 150	20 ~ 400
生产效率/kg·h⁻¹	140	400	800
溢料率/%	1 ~ 3	1 ~ 3	1 ~ 3

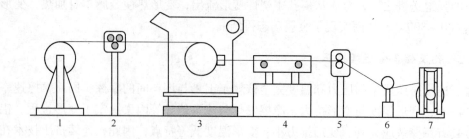

图 2-17　铜及铜合金连续挤压生产线示意图

1—放线；2—矫直；3—挤压主机；4—产品冷却；5—计米装置；6，7—收排线机

2.3.3.4　连续挤压包覆工艺

采用连续挤压包覆技术制备金属复合线材产品质量好，材料利用率高，生产效率高。利用该方法生产铝包钢丝速度可达 100m/min。目前连续挤压包覆技术已在电缆制造业中获得广泛应用。

如图 2-18 所示，连续挤压包覆设备有多种结构形式。其基本原理为：杆状坯料在轮槽摩擦力的作用下被拽入轮槽内；在摩擦力作用下，坯料的温度升高，承受压力增大，当达到材料的塑性流动极限时，便在模具中形成围绕在从模腔中穿过的芯线周围的套管，与芯线形成复合体，然后复合体从模孔中挤出，形成复合线产品。只要不断供给钢线和铝杆，就能生产出任意长度的复合线。目前连续挤压包覆技术主要用于铜包钢线、铝包钢线的生产与制备。

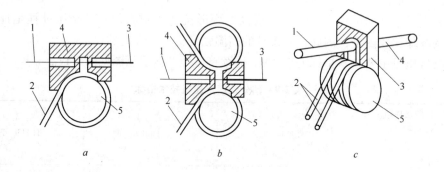

图 2-18　连续挤压包覆机的结构类型

a—单轮单槽；b—双轮单槽；c—单轮双槽

1—芯线；2—包覆金属杆；3—包覆产品；4—腔体；5—挤压轮

2.3.3.5　连续挤压产品质量

连续挤压法生产的产品表面光洁程度与尺寸精度可与拉制品相比，韧性高，内表面光洁。

（1）铜扁线各性能指标优于国家标准，完全满足使用要求，见表 2-10。

表 2-10 连续挤压生产的铜扁线性能

规格 /mm × mm	抗拉强度 /MPa	伸长率/%	回弹角 /(°)	弯曲性能	电阻率 /Ω · mm² · m⁻¹	导电率 (% IACS)
国家标准	不大于 275	30	<5	a 边弯曲 90°不出现裂纹	0.01724	100
1.0 × 4.00	235	45	4.2	a 边弯曲 90°未出现裂纹	0.017100	100.8
1.2 × 5.20	240	45	4.1	a 边弯曲 90°未出现裂纹	0.016970	101.6
1.9 × 3.55	230	46	4.1	a 边弯曲 90°未出现裂纹	0.017100	100.8

挤出后产品组织横向平均晶粒尺寸不大于 0.020mm，并且挤压截面越小，晶粒分布越均匀。

（2）铝包钢丝从产品质量方面看，具有如下优点：1）铝包钢丝尺寸和性能可调节范围加大。产品尺寸范围可达 1.2～10mm，产品强度范围为 50～1400MPa，铝层与线材截面之比的调节范围达 13%～85%，导电率范围为 14%～55% IACS；2）铝钢间的结合强度好；3）导线的断面可制成复杂的形状；4）产品具有较高的尺寸精度及光洁程度。

（3）连续挤压双进多出挤压铜产品的工艺采用单轮槽双进双出或四出连续挤压。焊合过程较长，焊合面结合较好，焊合紧密；氧化铜等的弥散分布亦较均匀；成本降低；可以保证露出新鲜金属。

2.3.4　静液挤压复合线材

静液挤压是指在挤压筒内通过高压液体将金属锭坯挤出模孔形成制品的过程（图 2-19）。静液挤压适合于各种包覆材料和超导材料、难加工材料及精密型材的成型。

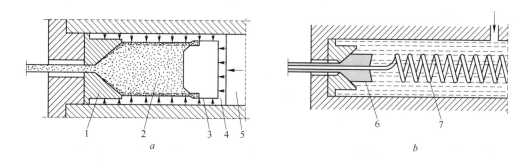

图 2-19　静液挤压生产复合线材
a—用复合锭坯进行挤压；b—用包覆金属进行挤压
1—模具；2—复合锭坯（铝包在铜中）；3—钢垫；4—压媒；
5—挤压轴；6—空心铝锭；7—铜线

静液挤压过程具有坯料变形内外均匀，挤压过程中坯料几乎不与模具直接接触，摩擦阻力很小等特点，使得静液挤压可以获得大的压缩加工率，保证复合界面有良好的结合强度。静液挤压法制备铜包铝复合线材的技术关键是保证铜、铝在变形过程中流动的均匀性。

2.4　OCC 工艺供坯法

20 世纪 80 年代末，国内外开始采用 OCC（ohon continuous casting）技术制造单晶铜线材，该技术一出现就引起人们极大的兴趣。单晶铜线具有许多独特的优点，即在纵向为单一晶粒定向生长，没有晶界，具有良好的韧性和导电性能。由于没有晶界的阻挡，因而信号衰减很小，可加工极细的高保真导线，可广泛用于高品质的信号传输电缆和超细双零线的生产。

通常使用的铜及铜合金线材为多晶组织，晶界上存在各种外来化合物，形成多种界面，影响电频信号的传递。如果仅由单晶组成，则可克服这些缺点。其关键思路是，传统的铸造结晶方式是基于水冷结晶器的径向传热，结果导致金属结晶组织为垂直于液穴方向。如果把结晶器的水冷功能改为加热动能，强化纵向传热，金属结晶组织就会发生根本改变，即获得与铸造方向平行的顺序结晶，在严格控制铸造工艺后，就可能获得单晶铜，由此诞生了 OCC 工艺法。其原理如图 2-20 所示。

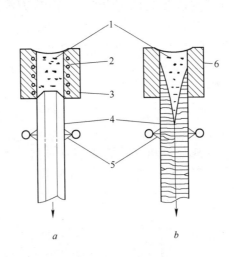

图 2-20　两种凝固过程的比较

a—OCC 连铸技术的凝固过程；*b*—传统连铸技术的凝固过程

1—金属液；2—电加热管；3—热铸型；4—铸锭；5—冷却水；6—冷铸型

OCC 技术为保证在单个晶粒沿纵向定向生长，采用加热结晶器技术保证出地面外其他位置不具备形核条件，使拉铸时底面晶粒定向生长，形成单晶组织。OCC 技术的工艺难点在于精确控制结晶器加热功率，既能保证底面结晶，又能保证抑制结晶器内部其他部位发生结晶，保持不拉漏，主要依靠结晶器内铜液的表面张力。

OCC 技术主要有三种铸造形式：立式上引铸造、立式下引铸造和水平铸造（图2-21），出坯速度非常慢，生产控制要求极为严格，但坯料表面非常平滑、光亮，是高端通信保真导线的主要生产方式。其特点是批量小、附加值高。

目前，已开发出多头牵引和小直径单晶化技术，能够制备直径 3～20mm 的单晶铜线材。获得的单晶铜线材与普通铜线材相比，电阻率降低 15%，伸长率提高 80.24%。一般来说，制备的单晶铜线材还不能直接应用，必须经过多次冷拉变形。

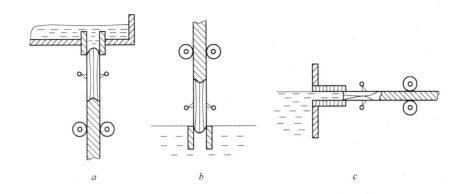

图 2-21 OCC 连铸的三种基本形式
a—下引式 OCC 工艺；b—上引式 OCC 工艺；c—水平式 OCC 工艺

2.5 孔型轧制制坯法

孔型轧制法是相对平辊轧制而言，在轧辊的圆周上刻有沟槽，称为轧槽。二个或三个轧辊上的轧槽拼成一几何图形，称为孔型。孔型轧制法是指横列式轧制。该法使用平铸的 85~130kg 船形线锭，加热后经横列式轧机轧出 ϕ7.2mm "黑铜杆"。该法生产的线坯精度低、表面质量差、质量不均一、卷重小，劳动强度大、生产效率低、能耗高，在铜线杆生产中已经被连铸连轧法和上引法所取代。黄铜等合金的塑性较低，用轧制法生产时，线坯上易形成裂纹，目前绝大多数合金线材已不采用孔型轧制法制坯。

2.6 线坯的其他生产方式

2.6.1 悬浮式连续浇注法（GEKEC）

通用电气悬浮式连续浇注法基本是将电磁悬浮场与上引法中应用的高效热交换器联合使用的一种方法。这种连续铸造成型方法简单、经济，能克服其他浇注技术中常发生的模具与金属接触面的摩擦和黏结问题，尤其适合各种纯金属和合金直接浇注成小直径的细线杆。

悬浮式连续浇注法优点：

（1）铸造速度快、铸坯可连续拉出。

（2）铸坯的均匀性和晶粒结构良好。

（3）铸坯表面光滑，无缺陷和夹杂。

（4）可延长与熔融金属接触件的使用周期。

2.6.2 电解沉积法

电解硫酸铜直接沉积出铜线杆，比上引法和浸渍法获得铸造铜杆的流程更短，设备更少，是一种很好的思路。

Finch 和 Cibula 代表英国有色金属研究协会（British Non-Ferrous Research Association）发表了他们的研究成果：他们电解沉积出了 2.3~90kg/捆，外形如蚊香的盘状铜线杆，其截面尺寸为 6.3mm × 6.3mm 和 12.7mm × 12.7mm，先轧后拉，成为 1.6mm 的线材。测得其导电率为 100.5% IACS，扭断值高的可达 70 ~ 90 次，低的为 15 ~ 20 次（常见铜线为 35 次），软化温度升高 200 ~ 300℃，线杆的韧性则较差。

2.6.2.1　电解工艺

（1）电解液中含：硫酸铜 200g/L（相当于 Cu^{2+} 50g/L）、硫酸 200g/L、氯化物 30mg/L、胶（GLUE）0.25 ~ 0.75mg/L、木质磺酸钙 20 ~ 100mg/L。

（2）种子板：要磨光或抛光，表面不能有锐的棱和刺。

（3）电解条件：温度 60℃，电流密度 380 ~ 480A/m^2，电流不可中断或短周期反向运行。电解液在阴极表面以 5 ~ 10mm/s 的速度流动，并用空气搅拌，且在循环系统中过滤。

2.6.2.2　控制要点

（1）线杆表面必须光滑平整，才能在轧制和拉伸时不出现裂纹和断线。如表面有疤、瘤、棱角，则在加工变形时，甚至在缠绕时开裂。

（2）需在电解液中添加有机物，如胶和木质磺酸钙等，且控制好浓度和均匀性，才能沉积出表面光滑平整的线杆。

其缺点是添加有机物与电解液中，把非金属杂质引入线杆中，导致线材电导率的下降和软化温度的上升。

从以上实验过程看，用电解沉积法制造线杆是可能的。为了获得良好的理化性能和加工性能，必须严格控制各工艺因素和参数，难度还是很大的，至今尚未见工业生产的报道。

2.6.3　粉末冶金法

粉末冶金法是由金属粉末经压块、烧结、旋锻而制成线坯，该法用于难熔金属或合金如钨、钼等的线坯生产，另外还可用于生产具有特殊要求的合金线坯如弥散铜线坯。

复习思考题

1. 线坯的生产方法有哪些？
2. 简述上引连铸原理。
3. 上引铜杆常见的缺陷及其产生原因是什么？
4. 水平连铸的特点是什么？
5. 简述轮带式连铸和钢带式连铸的定义。
6. 浸渍成型铸造的优点是什么？
7. 金属挤压加工应具备哪些条件？
8. 简述连续挤压的原理。

3 线材拉伸方法

线材拉伸的特点是道次加工率相对较小（与轧制法比），但尺寸精度高、表面质量好、品种规格多，除拉伸圆线之外还可以拉伸异型线材。为了提高生产效率，线材拉伸时常常使用多模拉伸，常见的拉伸设备有三模拉丝机、五模拉丝机、七模拉丝机，既可单独形成线材拉伸生产线，又可与其他设备配合使用。

线材拉伸可分为一次只通过一个模子的单模拉伸和连续通过断面逐渐减小的多个模子的多模拉伸。多模拉伸又分为带滑动多模拉伸和无滑动多模拉伸。多模拉伸的特点是总加工率大，速度快，自动化程度高。

线材的单模拉伸如图 3-1 所示，多模拉伸的一般拉伸过程如图 3-2 所示。

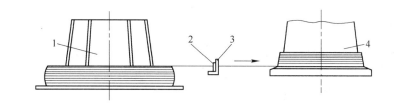

图 3-1 立式单模拉伸示意图

1—放线架；2—模子；3—模座；4—拉伸绞盘

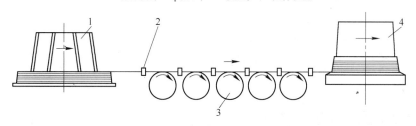

图 3-2 多模拉伸过程示意图

1—放线架；2—模子；3—中间绞盘；4—积线绞盘

单模拉伸一般用于线径在 4.5mm 以上的线坯或成品拉伸，在某些情况下（如拉制某些合金的半硬线时），也拉伸较小规格的线材。单模拉伸的加工率较大，拉伸速度不高，若速度过高，放线就很困难，易造成乱线停车。单模拉伸时线材和绞盘之间没有滑动，即属于无滑动拉伸。

多模拉伸一般用于较细线材的生产，线径越细，所选的拉伸机级数也越高。采用多模拉伸可以提高拉伸速度和生产效率，并减少中间工序。多模拉伸法现在也已用于较大线径和成品生产，特别是由于现代技术的进步，许多新式拉伸机的出现和拉伸工艺的改进，粗线的多模拉伸机日益普遍起来，如线径为 10mm 的线材多模拉伸方法已经用于生产。

表 3-1 给出了拉伸线径和拉伸机的级别，供选用和设计拉伸机时参考。

表 3-1　拉伸线径和拉伸机的级别

拉伸机级别名称	级　别	拉伸线材直径/mm
重拉机	I	20.0 ~ 4.5
粗拉机	II	<4.5 ~ 1.0
中拉机	III	<1.0 ~ 0.4
细拉机	IV	<0.4 ~ 0.2
细拉机	V	<0.2 ~ 0.1
最细拉机	VI	<0.1 ~ 0.05
最细拉机	VII	<0.05 ~ 0.03
最细拉机	VIII	<0.03 ~ 0.01

3.1　单模拉伸

　　线材一次只通过一个模孔的拉伸称为单模拉伸。单模拉伸的特点是加工率较大，生产线坯较短，生产效率低。单模拉伸机主要用于一次拉伸的设备。该机型只配备一个模座和一个绞盘，即每次只能拉某一根线的某一道次。

　　单模拉伸机的主要技术特性和工艺控制点为：绞盘直径和拉伸速度。

　　拉伸速度是决定生产效率的重要因素。通常拉粗线慢，拉细线快。最好可调速使用，低速启动，高速拉伸，以及依据线材发热和电机功率进行调节。

　　通常绞盘直径是线材直径的 50 ~ 500 倍。小绞盘拉伸粗线时，线材在绞盘上发生较大的塑性弯曲，这是不希望发生的，当然这还与线材的粗细、软硬程度有关。而大绞盘拉伸细线时易"压线"。此外，过大的绞盘拉伸细而硬的线，外加过大的模子-绞盘间距时，会影响线的直度。

3.2　带滑动的连续式多模拉伸

　　带滑动的多模拉伸过程如图 3-3 所示。在这种拉伸机上一般有 2 ~ 25 个模子，每个模子的后面都有一个相应的拉伸绞盘，绞盘上一般绕 1 ~ 4 圈线材，绞盘的直径可以是相同的或不同的。在拉伸过程中各中间绞盘均产生滑动，且各绞盘的线速度是不能随意改动的，只有在停车后才能调整，但不能改变各绞盘之间的速度比值。

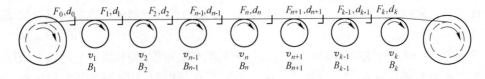

图 3-3　带滑动的多模拉伸示意图

F—面积；d—线材直径；v—线材速度；B—绞盘线速度

3.2.1 实现多模滑动拉伸过程的条件

在这种拉伸机上，每个中间绞盘的作用在于建立一个必要的拉伸力 $P_{L\cdot n}$，以便使拉伸得以实现（图3-4）。这个拉伸力只有在该绞盘的放线端存在一个张力 $P_{q\cdot n}$ 和一个与拉伸方向相同的、存在线材与绞盘之间的摩擦力的共同作用下才能建立起来。也就是说，在拉伸方向上，只有绞盘的速度（圆周速度）大于该绞盘上线材的运动速度才有可能，在此情况下，张力 $P_{q\cdot n}$ 的值可以依公式（3-1）来确定：

$$P_{q\cdot n} = \frac{P_{L\cdot n}}{e^{2\pi m\mu}} \tag{3-1}$$

式中　　$P_{L\cdot n}$——绞盘拉伸力，kN；

$\quad\quad\quad P_{q\cdot n}$——绞盘张力，kN；

$\quad\quad\quad \mu$——绞盘与线材之间的摩擦系数；

$\quad\quad\quad m$——线材在绞盘上的缠绕圈数。

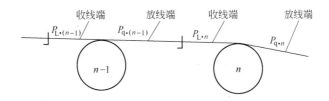

图3-4　带滑动多模拉伸的作用力

系数 $e^{2\pi m\mu}$ 的值见表3-2。

表3-2　系数 $e^{2\pi m\mu}$ 数值

线材在绞盘上的缠绕圈数 m	线材与绞盘之间的摩擦系数 μ				
	0.05	0.075	0.1	0.15	0.2
1.0	1.36	1.64	1.87	2.70	3.50
1.5	1.67	2.18	2.83	4.72	6.60
2.0	1.87	2.46	3.50	6.00	12.30
2.5	2.20	3.26	4.85	10.70	23
3.0	2.56	4.12	6.60	17	43.40
3.5	3.0	5.19	9.03	27	61
4.0	3.5	6.54	12.30	43	152

张力 $P_{q\cdot n}$ 对于下一道拉伸来说就是其反作用力。如果线材速度大于绞盘的线速度，则在绞盘上产生的摩擦力方向将与拉伸方向相反，这时绞盘不但不起拉伸作用，反而起阻碍拉伸的作用，同时使作用在绞盘放线端上的张力 $P_{q\cdot n}$ 急剧增加，这样就容易发生断线事故。

为了实现多模滑动拉伸过程，就必须使绞盘的线速度大于线材在其上的运动速度，即：

$$B_n > v_n \tag{3-2}$$

$$\frac{B_n - v_n}{B_n} > 0$$

$(B_n - v_n)/B_n$ 称为相对滑动率，用 R_n 表示，即：

$$R_n = \frac{B_n - v_n}{B_n} \times 100\%_n \tag{3-3}$$

在带滑动的多模拉伸过程中，每个中间绞盘上缠绕的线材圈数是不变的，所以线材通过每个模孔的金属体积必须相等，即：

$$v_0 F_0 = v_1 F_1 = v_2 F_2 = v_n K_n = v_k F_k \tag{3-4}$$

或

$$v_n = v_k F_k / F_n \tag{3-5}$$

由此可见，在正常拉伸情况下，由于任何一个模孔出来的线材速度只决定于成品的断面积，中间模孔的断面积及收线盘的速度，与中间绞盘的速度无关。将公式(3-5)中的 v_n 带入公式(3-3)并整理得：

$$R_n = 1 - (v_k F_k)/(B_n F_n) \tag{3-6}$$

此式表明，随着比值 F_n/F_k 的增大，滑动率 R_n 也增大（$F_n/F_k = \lambda_{nk}$ 是第 n 个模子后的总延伸系数）。F_n/F_k 的变化主要是由拉伸过程中各道次模子不均匀磨损造成的。因此，为了保证拉伸过程的正常进行，当模子不均匀磨损或更换新模以后，也应该满足事先获得拉伸的基本条件，如公式(3-2)和式(3-5)所示，由此二式可得：$B_n > v_k F_k / F_n$，即：

$$F_n/F_k > v_k/B_n \tag{3-7}$$

公式(3-7)表明，为了保证拉伸过程的正常进行，第 n 个模子以后的总延伸系数必须大于收线盘的线速度与第 n 个绞盘的速度之比。

在拉伸过程中，线材与绞盘之间的摩擦系数改变而可能发生滑动率瞬间减小，这就必然使前面各模子上线速度增加，如果这种增加不能实现，就会造成拉断现象。加入在第 n 个绞盘上线材的滑动瞬间减小，甚至无滑动，则在 $n-1$ 个绞盘上线材速度必须增加为 $v_{n-1} = (F_n B_n)/F_{n-1}$，以保证金属的秒体积相等的原则，且 v_{n-1} 之值应小于 B_{n-1}，即：

$$v_{n-1} = (F_n B_n)/F_{n-1} < B_{n-1}$$

由此式得：

$$F_{n-1}/F_n > B_n/B_{n-1} \tag{3-8}$$

式中　　F_{n-1}/F_n——第 n 个模子上的延伸系数，$F_{n-1}/F_n = \lambda_n$；

　　　　B_n/B_{n-1}——第 n 个绞盘与第 $n-1$ 个绞盘的速度比，$B_n/B_{n-1} = \gamma_n$。

由此可见，当模子上的延伸系数大于其后一个绞盘与前一个相邻绞盘的速度比时，表明多模滑动拉伸是可靠的。

带滑动的多模连续拉伸机两相邻中间绞盘之速比通常在 1.10 ~ 1.35 之间，而最后两个绞盘的速比愈小，则拉伸机适应的范围愈广。目前，国产的带滑动多模连续拉伸机以速比大的居多，这对塑性高的金属和合金线生产无疑是有利的。

3.2.2　滑动式连续拉伸的特点

（1）除最后一道次外，其余各道次都存在滑动。由于滑动式连续拉伸机是绞盘上的线材与绞盘之间的滑动摩擦力来牵引线材运动，所以增加了功率消耗，还会造成绞盘表面磨损，形成沟槽，使线材在绞盘上的轴向移动发生困难，线与线叠压，甚至断线，也会因为线材与绞盘的摩擦使其表面质量下降。但它却能自动调节线材的张力，不至于中间断线或留有余线。

k 道次没有滑动，如果 $k-1$ 道次也没有滑动，d_k 由于磨损而增大，假设这时 d_{k-1} 没有增大，那么通过 d_{k-1} 模孔线材的秒体积没有变化，而通过 d_k 道线材的体积增加，产生供不应求的现象，使 Q_k 急剧增加，从而 P_k 也急剧增大造成断线。如果 k 道次没有滑动，而 $k-1$ 道次上设法使它存在一定的滑动，只要 Q_k 稍微有增加，那么在 $k-1$ 道次鼓轮上的线材就会箍紧些，使滑动量减少，B_{k-1} 增加，自动满足 k 道次需要。反之，如果出现 d_{k-1} 增大，d_k 没有变化的情况，则 Q_{k-1} 就会减小，使 $k-1$ 道次的滑动量增加，避免了因供过于求而引起积线过多，见图 3-5。

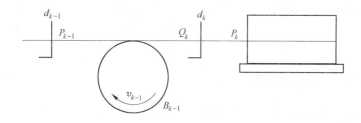

图 3-5　k（最后一道次）和 $k-1$（前一道次）拉丝绞盘图
B_{k-1}——前一道次的线速度；P_k——最后一道次拉制力；v_{k-1}——前一道绞盘速度；
d_k——最后一道次拉制模具；Q_k——最后一道次反拉力

滑动还能应付多种情况，如拉线模的制造偏差、线的抖动、拉线机的振动、润滑剂供应不均匀、气流的波动等引起线材张力发生变化的许多情况，都能自动地调整。保证正常滑动的办法是在相邻两绞盘间，如果让拉伸后的长度与拉伸前的长度之比大于后面和前面绞盘线速度之比，就会在前面绞盘上产生需要的滑动。

相邻两绞盘线速度之比称为绞盘的速比（γ_n）：

$$\gamma_n = \frac{B_n}{B_{n-1}} \tag{3-9}$$

式中　B_{n-1}——$n-1$ 道次时绞盘的线速度；

　　　B_n——n 道次时绞盘的线速度。

根据以上分析可知，只要使 $\lambda_n > \gamma_n > 1$ 即可，我们把 λ_n / γ_n 称为相对前滑系数，用 τ_n 表示：

$$\tau_n = \frac{\lambda_n}{\gamma_{n-1}} \tag{3-10}$$

当 $\tau_n = 1$ 时，$n-1$ 道次没有滑动，由于模孔的摩擦不会按同一规律发展，和受其他因素影响，这种情况几乎维持不住，很快就会发生断线。

当 $\tau_n < 1$ 时，一开车就会断线，不能拉。

当 $\tau_n > 1$ 时，在 $n-1$ 道次有滑动，能自动调节张力，保持长时间不断线。那么，τ_n 取值可根据线径公差（设定线材的偏差为断面面积的 ±2%），通过近似计算可得：

$$\tau_n = 1 + (1.02S_n + 0.98S_n)/0.98S_n = 1.0408$$

因极限情况的可能性较小，同时为保证线材质量和减少绞盘摩擦，τ_n 值也应较小。通常 τ_n 取 $1.015 \sim 1.04$，有时 τ_n 值可达 1.10。一般线径越细，τ_n 值越小，出口模的 τ_n 值也应较小。

（2）除第一道次外，其余道次均存在反拉力。

拉伸力是靠线材与绞盘间的滑动摩擦产生的。滑动摩擦力的大小与摩擦系数、绕线圈数和线材对绞盘的箍紧程度有关。绕线圈数和线材对绞盘的箍紧程度决定正压力的大小，而离开绞盘的线材的张力决定现场的箍紧程度。这个张力就是下一道的反拉力，见图3-4和公式(3-1)。

由表3-2可以看出，绕线圈数的多少对下一道次的反拉力影响很大。绕线圈数越少，下一道次的反拉力越大；绕线圈数越多，下一道次的反拉力越小。当绕线较多时，滑动对张力变化的反应迟钝，同时线材在绞盘上轴向移动困难，容易叠压造成断线，所以拉伸时要合理确定绞盘上的绕线圈数。

3.2.3　带滑动多模连续拉伸配模条件

理论推导和生产实践证明，在带滑动多模连续拉伸机上正确而可靠的配模应当遵守如下条件：

（1）$\lambda_n > \gamma_n$，即第 n 道次模子上的延伸系数 λ_n 应大于第 n 个绞盘的线速度 B_n 与其前相邻绞盘的线速度 B_{n-1} 之比 γ_n。

（2）$R_1 > R_2 > \cdots > R_{n-1} > R_n > R_{n+1} > R_{k-1} > R_k$，即线材在各绞盘上的相对滑动率应逐渐减小。

（3）道次延伸系数和总延伸系数应不超出被拉伸金属及合金塑性所能允许的范围。

（4）考虑设备能力。

线材与绞盘之间由于存在滑动摩擦，给工艺过程、产品质量和设备带来了不利影响。第一，由于摩擦造成能耗增加；第二，由于摩擦使线材表面造成擦伤或划伤；第三，由于线材与绞盘之间的摩擦，使绞盘表面很快磨损，出现沟痕，以致使拉伸过程难以进行。因此，拉伸机虽然是滑动的，但仍应尽量减少滑动。一般滑动率数值可选在 $1.015 \sim 1.04$ 之间。

3.2.4　影响带滑动多模连续拉伸过程的主要因素

3.2.4.1　绞盘上线圈数的影响

结构不同的拉伸机，线材在其绞盘上缠绕的圈数也不相同，一般在 $1.5 \sim 4.0$ 圈之间，并且圈数约为0.5的整数倍，缠绕1圈的情况不多。

在圈数较多（3~4圈）时，绞盘出口端的拉力大大减小，但压线情况容易出现，致使线材被拉断或出现停车现象。作为水箱拉伸机，在拉伸线径为6mm以下的中、细线时，缠绕圈数为1.5圈或2.5圈；线材直径3.0mm以下时，多为1.5圈。对非水箱拉伸机，线材的带滑动拉伸过程缠绕圈数多为2~4圈，3圈为多数。总的来说，在带滑动拉伸过程中，线材在绞盘上的缠绕圈数规律为：线材直径大的圈数较多，反之则缠绕圈数较少；同样线径的线材，在水箱拉伸机上缠绕圈数较其他带滑动拉伸机上缠绕圈数少些。

3.2.4.2　绞盘直径与线径的影响

线材缠绕在绞盘上会产生弯曲应力，因此线材会产生弯曲变形，变形一般分四部分，如图 3-6 所示。

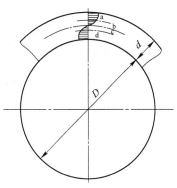

线材中心层（b 和 c 处）处于弹性变形状态；线材的内层（d 处）和外层（a 处）变形较大，往往处于塑性变形状态。

随着 D/d 比值的减小，弯曲应力增加，相应的回弹力也较大，所以粘着绞盘的可能性就减小；反之，随着 D/d 比值的增加，线材横断面上的弯曲应力减小，致使线材的回弹力也减小，因此线材粘着绞盘的可能性增大。这时，线材外表面的塑性变形较小，甚至可能不存在，这样有可能造成克服不了相邻绞盘之间由于活套自重所产生的应力，即不能自动调整绞盘上的应力，而使拉伸过程破坏。

图 3-6　线材直径与
绞盘直径的关系

在实际生产中，D/d 数值可在 45～1000 之间，对于强度较低的金属或合金，其值可取得小些，强度高的则取得大些。

绞盘直径增大时，线材在单位接触弧上的法向应力减小，这将可使绞盘减少磨损、提高绞盘的使用寿命。但绞盘直径太大也不合适，太大将造成原材料和动能的浪费，并使线卷易产生"8"字形废品；绞盘直径太小会造成绞盘磨损加快，使用寿命较短，如果此时生产直径较大的线材，则易出现椭圆废品等，因此绞盘直径的选择是有实际意义的。

3.2.4.3　绞盘上绕线方法的影响

线材在绞盘上的缠绕方法对其滑动的影响是较大的，与拉伸过程及制品质量和绞盘寿命等均有密切关系。

常用的缠绕方法有三种，如图 3-7 中 a、b、c 所示。其中 a 法是圆形螺旋式绕法，其绕法简单，实际使用较多；b 法是椭圆螺旋式绕法，它由两个绞盘组成，其中一个是辅助的，它可以是主动的，也可以是被动的，线材绕过两个绞盘形成椭圆形螺旋线，与圆形螺

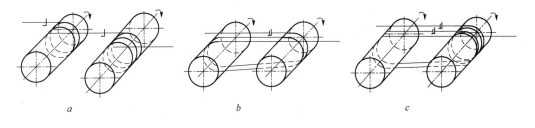

图 3-7　线材在绞盘上的缠绕方法
a—圆形螺旋式；b—椭圆螺旋式；c—联合缠绕法

旋线绕法相比，主要优点是减少了绞盘所受的张力，减小磨损，延长绞盘使用寿命；c 法是上述两种方法的联合，其承受的拉伸力大，所以在绞盘之间可安排更多的模子. 联合缠绕法在水箱拉伸机中最常用。

3.3　无滑动多模拉伸

在生产拉伸强度较低的金属及合金线材时，线材与绞盘之间的滑动是极为有害的，所以这类金属或合金要用无滑动拉伸法。

3.3.1　实现无滑动多模拉伸的方法

无滑动多模拉伸的方法是使线材速度和绞盘的线速度完全一致，即无滑动多模连续拉伸，这种方法是通过绞盘自动调速来实现的。

这种方法需要一套自动调速设备，投资较大，但它有明显的优点：首先，由于线材与绞盘之间无相对滑动，使其间的相互错动摩擦几乎为零，因此消耗的能量得以减少；其次，由于摩擦小，所以绞盘的寿命能获得提高，线材的表面擦伤和划伤得到了避免；再次，用此法拉伸，线材没有扭转，拉伸速度也可以加快，有利于提高产品质量和生产效率。

3.3.2　无滑动多模连续拉伸过程

无滑动多模连续拉伸过程如图 3-8 所示。拉伸时，线材运动速度与绞盘的线速度相等，其间相对滑动几乎为零。在中间各绞盘上线材缠绕 7 ~ 10 圈。

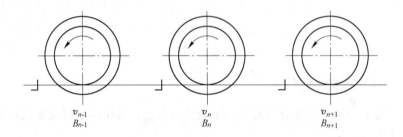

图 3-8　无滑动连续多模拉伸示意图

由于这种拉伸是连续的，所以应遵守秒体积不变原则，即：

$$v_1 F_1 = v_2 F_2 = \cdots = v_{n-1} F_{n-1} = v_n F_n = v_{n+1} F_{n+1} = v_{k-1} F_{k-1} = v_k F_k \qquad (3\text{-}11)$$

又因为是无滑动的，所以被拉伸线材应分别与其所缠绕的绞盘线速度相等，即：

$$v_1 = B_1, \ v_2 = B_2, \cdots, \ v_{n-1} = B_{n-1}, \ v_n = B_n, \ v_{k-1} = B_{k-1}, \ v_k = B_k$$

依公式(3-11)可得：

$$F_n / F_k = v_k / v_n = \lambda_k$$

并令

$$B_k / B_n = \gamma_k$$

因为 $v_k / v_n = B_k / B_n$（绞盘线速度与绕于其上的线材速度相等），所以

$$\lambda_k = \gamma_k \qquad 即 \qquad \tau_k = \lambda_k / \gamma_k = 1 \tag{3-12}$$

式中 τ_k ——相对前滑系数。

在实际生产中，绞盘的线速度与线材的速度不可能保证严格相等，因为随着拉伸时间的延长，拉模磨损，直径变大，同时拉伸机的绞盘也在磨损，且大多数绞盘都呈一定角度的锥形，以便向上串线，而且拉伸机本身的传动系统也有一些影响速度变化的因素等，因此在无滑动连续拉伸的过程中，绞盘的线速度要靠自动调速装置随时进行迅速准确地调整。

3.3.3 无滑动多模拉伸的主要特点

无滑动多模拉伸的主要特点是线材与绞盘之间没有滑动，各中间绞盘上线材的圈数可以增减。中间各绞盘起拉线作用，又起下一道次的放线架作用。

当拉伸过程中 k 道次绞盘上的线材圈数保持不变时，储存系数等于 1，线材不发生扭转，但不能长时间维持不变。

当拉伸过程中 k 道次的线材圈数逐渐减少时，储存系数大于 1，线材发生扭转。

当拉伸过程中 k 道次的线材圈数逐渐增加时，储存系数小于 1，线材同样也发生扭转。

为了保证线材与绞盘之间没有滑动，开始穿模时要使每个中间绞盘上绕有 15 圈以上的线材。

3.4 无滑动积蓄式多模拉伸

无滑动积蓄式多模拉伸是指线材与绞盘之间不发生滑动，其每个中间绞盘都积蓄有 20 圈以上的线材，每个绞盘都可以单独停车或起车，而不至于立即影响其他绞盘的工作，离开某一绞盘的线材速度和绕线速度可以不相等。无滑动积蓄式多模拉伸过程如图 3-9 所示。

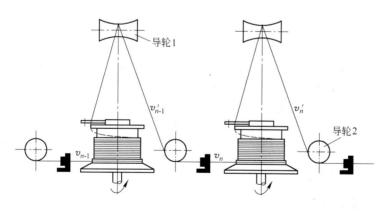

图 3-9 无滑动积蓄式多模拉伸过程示意图

由于是无滑动的，所以绞盘的线速度和绕于其上的被拉伸线材速度相等，对于第 $n-1$ 个绞盘来说：

$$B_{n-1} = v_n$$

离开绞盘的线材的速度 v'_{n-1} 为：

$$v'_{n-1} = v_n/\lambda_n = B_n/\lambda_n \tag{3-13}$$

存在三种情况：

（1）当 $v_{n-1} > v'_{n-1}$ 时，则在第 $n-1$ 绞盘上将积蓄愈来愈多的线，v_{n-1} 与 v'_{n-1} 差值愈大，离开此绞盘的线材扭转愈厉害，甚至使线材被扭断。

（2）当 $v_{n-1} < v'_{n-1}$ 时，与上述情况正好相反，此时在第 $n-1$ 绞盘上的线材逐渐减小，离开该绞盘的线材也要发生扭转，而且 v_{n-1} 与 v'_{n-1} 差值愈大，扭转愈厉害，严重时也将会被扭断，只是扭转的方向与（1）的情况相反。

（3）当 $v_{n-1} = v'_{n-1}$ 时，在第 $n-1$ 绞盘上的线材圈数保持不变，离开绞盘的线材也不发生扭转。

当绞盘上线材的圈数少于 12~15 圈时，因线材与绞盘之间的摩擦力小，则有可能产生滑动现象，而使线材和绞盘的速度不等。

如果第 n 个绞盘停止转动，即 $v'_{n-1} = 0$ 时，线材将在导轮 1 处开始扭转，并会在很短时间内扭断，同样 v_{n-1} 和 v'_{n-1} 之值相差愈大，线材扭转愈严重，因此在这种拉伸机上操作时，不允许两者相差较大，在实际生产中一般取：

$$v_{n-1} - v'_{n-1} < 0.1v'_{n-1} \tag{3-14}$$

显然，在此条件下是不满足秒体积不变原则的，即开动两个绞盘工作时，线材会在前一个绞盘上积蓄起来，当积蓄到最大数量时可停车，后面的绞盘继续工作，直到剩下最少允许圈数时，再重新开车。

3.4.1　实现拉伸过程顺利进行的条件

为了使拉伸过程顺利进行，在配模和新设计此拉伸机时，应符合下列条件：

（1）在任何一个中间绞盘 $n-1$ 上要有足够的线材积蓄，所以必须：

$$F_{n-1}v_{n-1} > F_nv_n \quad 或 \quad F_{n-1}/F_n > v_n/v_{n-1}$$

即　　　　　　　　　　　　　　$$\lambda_n > \gamma_n \tag{3-15}$$

由以上得出，第 n 道次的延伸系数 λ_n 应大于第 n 道次绞盘和第 $n-1$ 道次绞盘线速度的比值 γ_n，所以无滑动积蓄式多模拉伸机的配模与一次拉伸配模相同，并且遵守 $\lambda_n > \gamma_n$ 的条件，只做一般安全系数校核即可。

（2）相对前滑系数之值（即 $\lambda_n/\gamma_n = \tau_n$ 的取值范围）应在 1.02~1.05 之间，在接近成品时，其值应近于 1，这样方能使各中间绞盘上积蓄合理数量的线材，以保证最少的停车次数，并减少线材扭转。

3.4.2　无滑动积蓄式多模拉伸机的使用

无滑动积蓄式多模拉伸机在使用时应注意以下几点：

（1）由于线材可能产生扭转，所以不能用于非圆断面型线的拉伸。

（2）由于线材由一个模子到另一个模子的中间路程较复杂，所以拉伸速度不高，一般不超过 8m/s。

由于无滑动，所以该拉伸法适用于较软的金属及合金线材生产。

（3）由于线材由一个模子到另一个模子的时间长，可使线材充分冷却，这对于使用稠的润滑剂拉伸硬的合金材料有较大的优越性。

3.5　无滑动拉伸配模设计

对于无滑动拉伸配模，要尽可能地使被拉伸的线材速比与绞盘线速度比值相等或相近，以减少线材扭转或由于积线太多造成停车。

无滑动拉伸配模时，由于缠绕在绞盘上线材的圈数在拉伸过程中不变，要求通过各模孔的线材的秒体积相等，依据公式（3-11）可得：

$$v_n = v_k F_k / F_n = v_k / \lambda_{nk} \tag{3-16}$$

式中　　λ_{nk}——由第 n 个模子后至成品的总延伸系数，$\lambda_{nk} = F_n / F_k$。

即由第 n 个模孔出来的线材的速度，仅决定于成品模出口的线材速度和第 n 个模子至成品模的总延伸系数。在设计拉伸机时，就由此开始，根据道次延伸系数分配的规律及滑动率的要求来确定各个中间绞盘的尺寸及转数。在滑动拉伸机上分配延伸系数有两种方法，一种是各道次延伸系数是一个常数；另一种是道次延伸系数逐渐减小，相应的配模设计也根据这两种情况进行。

3.5.1　延伸系数为常数时的拉伸配模设计

当各道次的延伸系数为常数 λ_c 时，即：

$$\lambda_n = F_{n-1} / F_n = \lambda_c$$

所以　　　　　　$F_0 / F_n = （F_0 / F_1）\times（F_1 / F_2）\times \cdots \times（F_{n-1} / F_n）= \lambda_c^n$

式中　　λ_c——常数；

　　　　λ_c^n——常数 λ_c 的 n 次方。

取对数得：

$$\lg（F_0 / F_n）= \lg \lambda_c^n = n \lg \lambda_c \tag{3-17}$$

当总拉伸道次 $k = n$ 时，则得：

$$\lg（F_0 / F_k）= k \lg \lambda_c \tag{3-18}$$

为了计算方便，这一关系可用图 3-10 来查得。

如果已知线坯断面积 F_0 及成品断面积 F_k，就可计算其比值 F_0 / F_k，并根据平均延伸系数（此时平均延伸系数 $= \lambda_c$），查出拉伸道次数。

[例 3-1]　已知 $F_0 / F_k = 22$，平均延伸系数 $= 1.4$，求拉伸道次？

解：在图 3-10 中的相应坐标上找到此两点，然后以直线段连接此两点交 k 坐标于一点，此点为 9，则 9 即为拉伸道次数。

拉伸道次求出后，就可以根据 λ_c 和坯料断面积、成品断面积计算各中间道次的模孔面积。

因为　　　　　　　　　　　$\lg（F_0 / F_k）= k \lg \lambda_c$

所以　　　　　　　　　　　$\lg \lambda_c = （1 / k）\lg（F_0 / F_k）$

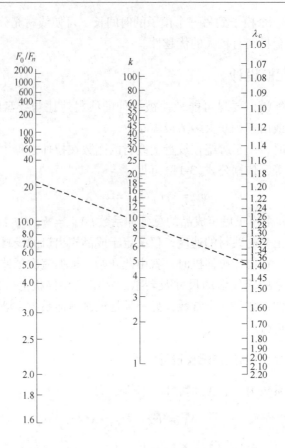

图 3-10   确定拉伸道次数或平均延伸系数的计算图

而 $$\lg(F_0/F_n) = n\lg\lambda_c = (n/k)\lg(F_0/F_k)$$

所以 $$\lg F_n = \lg F_0 - (n/k)\lg(F_0/F_k)$$

对于圆形线材：

$$F_n = (\pi d_n^2)/4;\ F_0 = (\pi d_0^2)/4;\ F_k = (\pi d_k^2)/4$$

所以 $$\lg d_n = \lg d_n - (n/k)\lg(d_0/d_k) \tag{3-19}$$

图 3-11 是依据式(3-19)制定的关于圆线材所有中间道次各模孔直径的计算图。计算图的纵坐标表示直径 d_n，横坐标是道次数 n，已知或已经求得总拉伸道次数 k 时，在计算图上把相应与坐标 d_0 及 d_k 值的点以直线连接起来，各中间道次的纵坐标与直线的交点即为相应的中间直径。该图中画出了用 13 道次由 7.2mm 的线坯拉伸到 1.0mm 及由 7.2mm 的线坯经 19 道次拉伸到 0.72mm 线材时确定的各道次线径的直线。

3.5.2   延伸系数逐渐减小时的配模设计

在冷拉伸过程中，一般金属及合金随着延伸系数的增加，冷作硬化的程度随之增加，所以延伸系数逐渐减小是合理的，此外，减小最后几道次的延伸系数有利于精确控制线材的尺寸和形状。因此，一般由第一道次至最后一道次拉伸，其延伸系数是逐渐减小的，即：

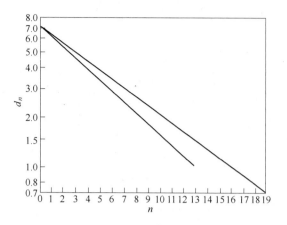

图 3-11 当 λ = 常数时各中间道次直径计算图

$$\lambda_n \neq 常数 \neq \lambda_c$$

$$\lg\lambda_n \neq 常数 \neq \lg\lambda_c$$

令

$$F_0/F_n = \lambda_c, \lg\lambda_c = c$$

则可得

$$\lg(F_0/F_n) = n\lg\lambda_c = nc$$

设

$$c = c'/(1 + \alpha n)$$

得

$$\lg(F_0/F_n) = nc'/(1 + \alpha n)$$

当 $n = k$ 时,则

$$\lg(F_0/F_n) = kc'_k/(1 + \alpha k)$$

$$= c'_k/(1/k + \alpha) \tag{3-20}$$

由此得:

$$\lg(F_0/F_k) \times (1/k + \alpha) = c'_k$$

即

$$c'_k = (1/k) \times \lg(F_0/F_k) + \alpha\lg(F_0/F_k) \tag{3-21}$$

解式(3-20)得:

$$k = \lg(F_0/F_k)/[\ c'_k - \alpha\lg(F_0/F_k)\ ] \tag{3-22}$$

用此式可计算拉伸道次数。式中的 c'_k 和 α 是与被拉伸线材直径有关的系数,其经验值如表 3-3 所示。

表 3-3　c_k' 和 α 值的选择

拉伸种类	级　别	被拉伸线材直径 /mm	α 值	c_k' 值	
				铜	其他有色金属及其合金
粗拉伸	I	16.0~4.50	0.03	0.20	0.18
粗拉伸	II	<4.50~1.0	0.03	0.18	0.16
中拉伸	III	<1.0~0.4	0.02	0.14	0.12
细拉伸	IV	<0.4~0.2	0.01	0.12	0.11
细拉伸	V	<0.2~0.1	0.01	0.11	0.10
最细拉伸	VI	<0.1~0.05	0.005	0.10	0.09
最细拉伸	VII	<0.05~0.03	0.005	0.09	0.08
最细拉伸	VIII	<0.03~0.01	0.005	0.08	0.07

　　按上式计算出 k 值后，k 值应选取整数。

　　计算出拉伸道次 k 后，即可确定各道次的模孔直径。由式(3-20)得：

$$c_k' = \lg(F_0/F_k) \times (1 + \alpha k)/k$$

又：

$$\lg(F_0/F_n) = nc'/(1 + \alpha n)$$

近似地认为 $c_k' = c'$，则由上式得：

$$\lg F_n = \lg F_0 - \lg(F_0/F_k) \times (1 + \alpha k)/k \times n/(1 + \alpha n) \tag{3-23}$$

　　对于圆形线材可得：

$$\lg d_n = \lg d_0 - \lg(d_0/d_k) \times (1 + \alpha k)/k \times n/(1 + \alpha n) \tag{3-24}$$

　　由式(3-24)制成的 d_n 计算图，如图 3-12 所示。

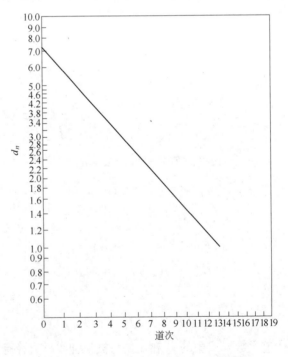

图 3-12　当 $\lambda_n < \lambda_{n-1}$ 时 d_n 的计算图

如经过 13 道次由 7.2mm 拉伸至 1.0mm 的线材时,再从图 3-12 中分别画出 (0, 7.2) 和 (13, 1.0) 两点,连接此两点的直线分别与各道次的纵坐标相交,其各交点的纵坐标数值即为所求的各道次线材的直径 (或拉模直径),其结果为:

$d_1 = 5.85\text{mm}$;$d_2 = 4.90\text{mm}$;$d_3 = 4.00\text{mm}$;$d_4 = 3.35\text{mm}$;$d_5 = 2.85\text{mm}$;$d_6 = 2.44\text{mm}$;$d_7 = 2.10\text{mm}$;$d_8 = 1.82\text{mm}$;$d_9 = 1.60\text{mm}$;$d_{10} = 1.41\text{mm}$;$d_{11} = 1.25\text{mm}$;$d_{12} = 1.10\text{mm}$;$d_{13} = 1.0\text{mm}$

多次拉伸配模计算出拉伸道次及各道次线材直径后应作如下各项校核和计算:

(1) 计算各道次延伸系数;

(2) 计算线速度;

(3) 计算滑动率;

(4) 计算各道次加工率及总加工率;

(5) 校核拉伸安全系数。

复习思考题

1. 分别简述单模拉伸和多模拉伸的定义。

2. 实现多模滑动拉伸的条件是什么?

3. 影响带滑动多模连续拉伸过程的主要因素有哪些?

4. 无滑动多模拉伸的主要特点是什么?

5. 实现无滑动多模拉伸过程的条件是什么?

4 线材拉伸时金属的变形和应力状态

4.1 线材拉伸时的变形力学图

在线材拉伸时，作用在被拉金属线上的外力，可以分为作用力、反作用力和接触摩擦力，如图 4-1 所示。

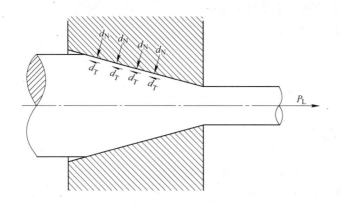

图 4-1 线材拉伸过程外力图

P_L—拉伸力；d_N—反作用力；d_T—摩擦力

作用力是由作用于被拉金属出口端的拉伸力所产生的，在变形金属中引起主拉应力 σ_1；反作用力 d_N 是由于模壁限制金属流动而产生的，它的方向垂直于模壁表面，它在金属变形中引起主应力 σ_2 和 σ_3。

当金属在模孔中流动时，变形区以及定径带的接触面上还会产生与金属流动方向相反的摩擦力 d_T，其数值大小可以由摩擦定律来确定：

$$d_T = \mu d_N \tag{4-1}$$

式中　μ——摩擦系数；

　　d_N——反作用力；

　　d_T——摩擦力。

线材拉伸时由于作用力和反作用力的作用，在被拉金属中造成三向应力状态，其中绝大部分表现为一个主拉应力（σ_1），两个主压应力（σ_2 和 σ_3）状态，并由于轴对称，所以

$$\sigma_2 = \sigma_3 \tag{4-2}$$

主应力在变形金属中引起相应的三向主变形，如图 4-2 所示。该图表明，拉伸线材在轴向得到延伸，在径向及周向受到压缩，即金属的长度增加，横断面积减小。

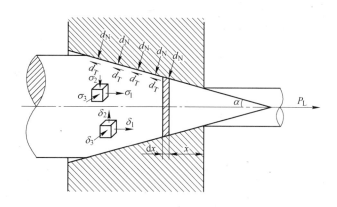

图 4-2 线材拉伸过程变形力学图

P_L—拉伸力；d_N—反作用力；d_T—摩擦力；α—拉伸模角；σ_1—主拉应力；

σ_2，σ_3—主压应力；δ_1—延伸主变形；δ_2，δ_3—压缩主变形

4.2 金属在变形区内的流动

在外力作用下，变形区内的金属大部分处于两向压应力、一向拉应力状态，因此也相应地引起两向压缩、一向延伸的变形状态。其金属流动情况在一定程度上与挤压有相似之处，但远不如挤压复杂，其变形不均匀性也要小得多。

4.2.1 线材拉伸变形的特点

4.2.1.1 拉伸变形区

一般把拉伸变形区看作是由两个球面和模壁构成。实际用腐蚀法和再结晶法观察变形区的形状并非球面。图 4-3 为变形区的实际形状示意图，该图是 H68 黄铜 ϕ6.84mm 的线材，经过拉伸并剖开腐蚀后显示出的变形区的实际形状。

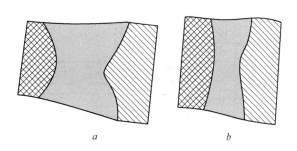

图 4-3 拉伸线材的变形区实际形状

（材料：H68，600℃、90min 退火后酸洗，拉伸模角 $\alpha = 6°$）

a—加工率为 4.5%；b—加工率为 15.07%

拉伸线材时变形区可分为：后端与前端非接触变形区及接触变形区，后端弹性变形区一般很小，对拉伸力的影响不大，可以略去不计。前端的变形区则不能忽略，特别是定径

带较长，拉伸弹性变形大的金属或合金线时应予以考虑。与拉伸棒材一样，在拉伸直径较粗的线材时，如果道次加工率、摩擦系数、模角 α 较大，则在模子入口处会出现金属隆起现象，即线材直径变大（图4-4）。这是因为金属在变形时受到阻碍、向后流动的结果，这样在此部分就形成了一向压缩变形 σ_L、两向延伸变形 σ_θ 和 σ_r 的主变形状态和三向压缩应力状态。

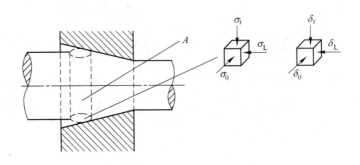

图4-4　非接触直径变大区（A）示意图

4.2.1.2　拉伸时金属变形特点

为了研究金属在拉伸过程中的变形情况，采用坐标网格法。通过分析坐标网格的变化，反映出金属在变形区内流动的规律。

（1）拉伸后坐标网格沿轴向的变化。拉伸后坐标网格沿轴向的变化如图4-5中所示，线材中心层的正方形格子变成了矩形，其内切圆变成了扁椭圆，沿拉伸方向被拉长而径向被压缩。同时，周边正方格子的直角也在拉伸后变成了锐角或钝角，扁椭圆长轴与拉伸轴线的夹角由中心部分向边缘部分逐渐增大，并由入口端向出口端逐渐减小。这说明周边格子除了受到轴向拉长、径向和周向压缩外，还在正压力 N 和摩擦力 T 之合力 R 的作用下发生了剪切变形。此剪切变形随模角 α、加工率和摩擦力的增大而增大。

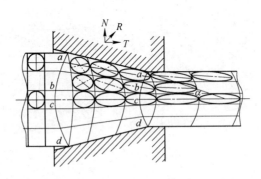

图4-5　用锥形模拉伸时金属变形的特性

（2）拉伸后坐标网格沿横截面的变化。横截面上的坐标网格在拉伸前是直线，进入拉伸后顺着拉伸方向向前凸变成了弧形曲线，这些曲线由入口端到出口端逐渐增大。这说明线材中心层的金属质点流动速度比周边层快，并随模角和摩擦力的增大，其横截面上金属流动的差异更为明显。

综上所述，在线材拉伸时，其中心层金属只有延伸变形而无滑动变形（或者金属间的滑动甚微，可忽略不计）。而由线材中心向外，由于摩擦力、拉伸模角和变形程序等因素的影响，金属除延伸变形外，还有滑动变形和弯曲变形，这种现象距线材中心线愈远，其表现愈加显著。因此可以说，在变形区内金属各点的变形是不均匀的。

由于拉伸不均匀变形的结果，线材拉伸后产生内应力，导致某些合金线材生产时产生应力腐蚀和破裂。如黄铜线在含有氨或汞的介质中产生裂纹或断裂；含锌的白铜在切削加工时，由于内应力失去平衡而使加工件产生严重的扭曲变形。实验表明，金属在拉应力作用下变形，将促使其内部组织的缺陷、显微裂纹增多和扩展，从而导致塑性降低。

有人验证了分散变形和横向拉伸，观察期不均匀变形的影响。结果表明，在两次退火间总加工率一定的情况下，减少末道次的加工率，结果使中心部分的变形很小，甚至使中心部位的变形为零，而只有线材表面变形，增加了变形的不均匀性，这在铸造线坯头两次拉伸时十分明显。其表面变形，中心部位却仍然为铸造组织。

用换向拉伸的办法来减少线材变形时的不均匀性，理论上很有道理，但实验证明，这种办法不但不会减少变形的不均匀性，甚至有时可能促使这种不均匀变形增加，在线材拉伸中没有起到减少不均匀变形的作用。

4.2.2 影响不均匀变形的因素

（1）摩擦力：是指在拉伸力的作用下，制品与模具接触表面之间产生的摩擦力。由于摩擦力方向与拉伸方向相反，故摩擦力越大，不均匀变形也越大。

（2）拉伸模角：拉伸模角增大，将会使金属流线急剧弯曲，从而增加了附加剪变形及金属硬化，并且会恶化润滑条件，增大摩擦系数。拉伸模角太小，金属与模孔的接触表面积增大，也引起摩擦力的增大。另外，拉伸模定径带的宽窄对金属不均匀变形也有一定的影响。定径带窄，金属轴向流动时摩擦力就小，不能满足金属向阻力小的方向滑移；定径带宽，增大了拉伸摩擦力，影响道次加工率。因此，模角及定径带应有一个合理的范围。

（3）变形程度：变形程度大，则变形能深入到制品的中心层去，因而可以减少沿横断面上的变形不均匀性。反之，若变形程度小，变形仅发生在制品的表层上而不能深入到内部，则将增加沿横截面上变形的不均匀性。

（4）变形的多次性：在同一加工率情况下，变形次数越多，不均匀变形越显著。

（5）润滑条件：润滑剂的质量、润滑方式直接影响摩擦力的大小，也将影响变形的不均匀性。

（6）金属本身的组织：由于金属组织本身的不均匀性，在拉伸过程中金属内部有的地方易于变形，有的地方难于变形，从而引起变形分布的不均匀性。另外，当被拉制品内存在某些缺陷，或者退火不均匀，造成坯料表面硬度不一致，也可能引起变形的不均匀。

由此可见，在拉伸时影响金属不均匀变形的因素很多。为了减少被拉金属变形的不均匀性，尽量避免铸造时出现的偏析、气泡、夹杂等缺陷。拉伸前坯料的退火要均匀，除此之外，还必须合理设计模具，选择良好的润滑剂，正确地制订配模规程和合理的操作。这些都是减少不均匀变形的重要措施。

4.2.3　不均匀变形对拉伸制品质量的影响

（1）对制品组织和力学性能的影响。不均匀变形造成了制品内部各部分变形量不同，这样的制品在退火后的晶粒大小是不同的，致使制品的力学性能不均匀。

（2）不均匀变形使制品表面产生拉应力，当拉应力超过金属的强度极限时，制品表面将出现裂纹。

（3）不均匀变形使制品形状歪扭和弯曲，给以后的精整工序带来困难。

4.3　金属变形区内的应力状态

如前所述，由于拉伸力和正压力的作用，使在变形区内的金属处于体应力状态，单元体上的应力如图 4-6 所示。拉应力 σ'_L 方向朝模子出口，周向压应力 σ'_θ 方向与图面垂直，径向压应力 σ'_r 方向与模孔轴线垂直，切应力作用于与 σ'_L、σ'_θ、σ'_r 方向垂直的平面上，当 σ'_L、σ'_θ、σ'_r 的方向与主应力方向一致时，它们即为主应力，此时切应力为零。

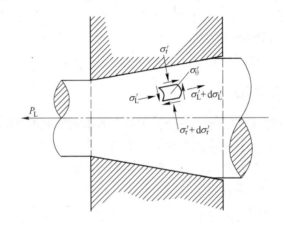

图 4-6　拉伸时作用在金属变形区内单元体上的应力

4.3.1　应力沿轴向分布

轴向应力是由变形区入口到出口逐渐增大的，即 $\sigma_{L出} > \sigma_{L入}$。轴向应力的这种分布规律是由于在拉伸过程中，变形区内的每一个横断面上指向出口端的拉应力，都承担着对其后金属的变形和克服金属与模壁之间摩擦力的作用，很明显，愈接近出口端的横断面上应承担其后面的金属变形和此种摩擦力就越大，而且此横断面由入口到出口越来越小。因此轴向应力分布必然是如上所述。

周向应力 σ'_θ 和径向应力 σ'_r 则是从变形区入口端到出口端逐渐减小的，即：$\sigma'_{\theta入} > \sigma'_{\theta出}$，$\sigma'_{r入} > \sigma'_{r出}$。

4.3.2　应力沿径向分布

径向应力 σ'_r 和周向应力 σ'_θ 由表层向中心逐渐减小，即 $\sigma'_{r外} > \sigma'_{r内}$、$\sigma'_{\theta外} > \sigma'_{\theta内}$，而轴向应力 σ'_L 的分布正好与上述相反，中心轴应力大，表层轴向应力小，即 $\sigma'_{L内} > \sigma'_{L外}$。

4.3.3　反拉力对变形和应力的影响

　　在线材拉伸生产中反拉力是经常存在的。所谓反拉力就是在线材进模口的一端施以与金属运动方向相反的拉力 P_g。由于反拉力 P_g 的存在，金属在入模孔以前即产生弹性变形，使其直径变小，并使其拉伸应力 σ_L 有所增加，这就必然引起径向应力 σ_r 的减小，因而金属与模壁之间的摩擦力也必将减小。这就是说，反拉力的存在可使拉模的磨损、发热引起线材自退火以及不均匀变形等有所减小，还能减小以至消除拉模入口端三向压应力区。但是反拉力也易使线材拉伸的强度极限下降，这是因为反拉力过大时，在线材内部容易出现晶格缺陷，减弱了线材的强度。一般应控制反拉力不超过线材入口前的屈服强度。

4.4　拉伸线材制品的残余应力

4.4.1　残余应力的分布

　　在热加工时，线材的残余应力一般很小，但是在温拉伸或冷拉伸后，由于变形不均匀而在线材中产生残余应力则是不能忽视的。图4-7是线材冷拉伸后在轴向、径向和周向上残余应力的分布情况示意图。

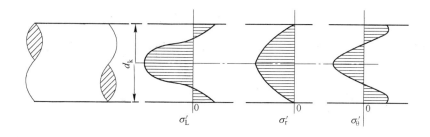

图 4-7　冷拉伸后线材残余应力分布

　　在拉伸过程中，在轴向上外层金属变形比中心大，拉伸后由于弹性恢复作用，外层金属缩短较多，但物体的整体性对这种自由变形起阻碍作用，因此在线材的外层必然产生拉应力，中心层出现与其平衡的压应力。

　　在径向上，同样由于弹性恢复作用，线材横断面上所有的同心环形薄层都有增大其直径的趋势，但由于相邻层的阻碍作用而不能自由增大，所以在径向上产生压应力。中心处圆环直径增大时所受阻力最大，而外层圆环不受任何阻力，因此中心处产生的压应力最大，而外层为零。

　　拉伸时，在周向上线材断面上的各同心环所受到的变形也不相同，中心处变形大，表面层变形小，因此拉伸后中心层的圆环直径弹性胀大量大于外层。但由于受到外层的阻碍作用，在中心层产生压应力，从而在外层相应地产生拉应力。

　　在型线拉伸时，除具有拉伸圆线时的不均匀变形特点外，还要加上型材断面各处所受到的不同延伸引起的应力。拉伸型线中的残余应力分布规律一般与圆线基本相同，但是对表面有凹槽形状的一类型线，在凹槽表面处的周向应力只能是压应力。因为在弹性恢复的作用下，凹槽处表面会缩小，从而产生周向残余压应力。

4.4.2　残余应力的消除

　　拉伸线材中残余应力，尤其是拉应力的存在是极为有害的，它不仅使拉伸机的能耗增加，更为严重的是它能使一些金属产生应力腐蚀和裂纹，导致产品的报废。在现场生产中，黄铜线坯拉伸后，常因在车间内存放时间较长，未及时退火，在含有氨气和汞盐、二氧化碳等介质的作用下，线材会产生裂纹。因此黄铜线在制料或成品在拉伸后 24h 之内必须退火，目的是消除残余应力、避免裂纹产生。

　　带有残余应力的线材，在进行力学性能实验时会降低其抗拉强度值，使检验结果产生偏差，造成线材不合格的假象，因此必须消除残余应力。消除残余应力的办法有以下几种：

　　（1）减小不均匀变形。拉伸时尽量减小分散变形、加强润滑，减小线材和拉模间的摩擦系数，采用合理的模角 α，使线材与拉模的轴线尽量重合，拉圆线时采用旋转模拉伸等等，都可以减小不均匀变形。

　　（2）低温退火。低温退火又称消除残余应力（内应力）退火，这是线材生产中最常用的消除残余应力的方法。此方法是把线材置于再结晶温度退火并保温一定时间，使金属组织发生一定范围内的变化，从而消除宏观和晶粒间的残余应力。

复习思考题

1. 线材拉伸时金属变形特点是什么？
2. 拉伸时，变形区内的金属应力状态、应变状态如何？分别画出状态图。
3. 影响不均匀变形的因素有哪些？
4. 简述不均匀变形对制品质量的影响。
5. 拉伸线材制品的残余应力是怎样的，其消除办法有哪些？

5 拉 伸 力

拉伸力即在拉伸过程中作用于模孔出口端制品上的力，是实现金属塑性变形所需要的力，单位为牛顿（N），或千牛（kN）。在拉伸工艺设计时，要合理地分配工序与设备，做到所设计的生产工艺既不浪费设备能力又能充分发挥被拉金属的塑性。

5.1 拉伸力的确定

确定拉伸力的方法大体上分两种，即实验测定法和理论计算法。

实验测定法由于十分接近拉伸过程的实际情况，测得的数值比较准确，但要求有一套测量设备，所以在实际工作中不常用。

理论计算法尽管数学运算复杂，并有一定误差，但应用起来比较方便，不需要投资，所以在实际设计中常被广泛使用。

为了合理制定拉伸工艺、选择设备以及校核强度，需要确定拉伸力的大小。拉伸力等于被拉金属线材出口端的拉伸应力与其断面积的乘积，即：

$$P_L = \sigma_L F \tag{5-1}$$

计算拉伸力的公式很多，下面根据使用简便、计算结果较为准确的原则，介绍几个常用公式。

彼得洛夫公式

$$P_L = \sigma F(1 + \mu \cot\alpha)\ln\lambda \tag{5-2}$$

克拉希里什柯夫可公式

$$P_L = 0.6 d_0^2 \varepsilon^{-2} \overline{R_m} F \tag{5-3}$$

式中　P_L——拉伸力，kN；

　　　σ——变形抗力，一般采用变形前、后强度极限的平均值，根据不同金属或合金及变形程度，可查加工图册或图 5-1，MPa；

　　　F——拉伸后线材断面积，mm²；

　　$\ln\lambda$——延伸系数的自然对数；

　　　μ——摩擦系数，见表 5-1；

　　　α——拉伸模角，（°）；

　　　d_0——拉伸前线坯的直径，mm；

　　　ε——道次加工率，%；

　　$\overline{R_m}$——平均抗拉强度，MPa。

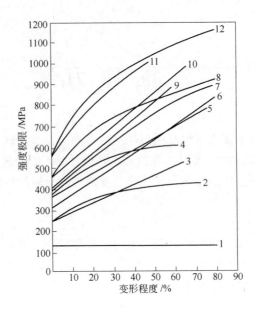

图 5-1　变形程度与强度极限的关系

1～12—不同的金属或合金材料

表 5-1　拉伸线材时的平均摩擦系数

金属与合金	状　态	拉 模 材 料		
		钢	硬质合金	钻　石
紫铜、黄铜	退　火	0.08	0.07	0.06
	冷　硬	0.07	0.06	0.05
青铜、镍及合金、白铜	退　火	0.07	0.06	0.05
	冷　硬	0.06	0.05	0.04
锌及锌合金	加　工	0.11	0.10	—
铅	加　工	0.15	0.12	—

拉伸力计算举例:

[**例 5-1**]　已知 H62 黄铜直径为 8.0mm 不退火线坯,在 1/55 圆盘拉伸机上一次拉到 6.5mm,试计算拉伸力。

解: 已知: $\varepsilon = (8^2 - 6.5^2)/8^2 \times 100\% = 34\%$

$\lambda = 8^2/6.5^2 \approx 1.51$

设 $\mu = 0.11, \alpha = 7°$。用彼得洛夫公式计算:

$$P_L = \sigma F(1 + \mu\cot\alpha)\ln\lambda$$

查图 5-1 得:

$$\sigma = (325 + 545)/2 = 435\text{MPa}$$

$$F = \pi d^2/4 = 33.2\text{mm}^2$$

$$\ln\lambda = \ln 1.51 = 0.412$$

$$\cot 7° = 8.15$$

代入式中：

$$P_L = 435 \times 33.2 \times (1 + 0.11 \times 8.15) \times 0.412 \approx 11.3 kN$$

5.2 拉伸机电动机功率计算

拉伸机所使用的电动机一般采用交流直流电动机，为了适应生产自动化、连续化和高速度的要求，电气传动应具备以下几点：

（1）当进行穿模时，能使绞盘以很低的速度转动，穿模后速度能平稳地加速到工作速度，以提高生产效率。

（2）启动、加速和减速过程应平稳，能从任何工作速度下比较迅速地完全停止。

（3）操作应简易，便于控制，安全可靠，检修方便。

（4）设备联动时的速度与线材的张力同步。

5.2.1 一次拉伸机电动机功率

一次拉伸机所需电动机功率的公式：

$$N = \frac{P_L v_k}{75\eta}(马力) \tag{5-4}$$

$$N = \frac{P_L v_k}{102\eta}(千瓦) \tag{5-5}$$

式中　N——电动机功率，kW；

　　P_L——拉伸力，kN；

　　v_k——拉伸速度，m/s；

　　η——传动效率，一般 $\eta = 0.8 \sim 0.92$。

5.2.2 没有反拉力的多次拉伸机电动机功率

没有反拉力的多次拉伸机所需电动机功率计算公式：

$$N = \frac{\Sigma P_L v_k}{102\eta} \tag{5-6}$$

式中　Σ——各道次拉伸力与速度积的总和；

　　η——传动效率，一般 $\eta = 0.8 \sim 0.92$。

5.2.3 带滑动多次拉伸机电动机功率

带滑动多次拉伸机所需电动机功率计算公式如下。

由于在绞盘上与拉伸力形成反方向转矩，最后一道次收线盘上没有反拉力。可按下式计算：

$$N = \frac{1}{102\eta}\left[\sum_{n=1}^{n=k-1} P_n \left(1 - e^{\frac{1}{v_n^m \mu}}\right) v_n + P_k v_k \right] \tag{5-7}$$

式中　N——电动机功率，kW；

　　η——传动效率；

$$\sum_{n=1}^{n=k-1}$$ ——拉伸终了 k 道次前 $P_n\left(1 - \mathrm{e}^{\frac{1}{v_n m \mu}}\right)v_n$ 的总和；

　　P_n——n 道次拉伸力，kN；

　　v_n——n 道次绞盘圆周速度，m/s；

　　m——n 道次绞盘上线材圈数；

　　μ——线材与绞盘间的摩擦系数；

　　P_k——最后一道次拉伸力，kN；

　　v_k——最后一道次拉伸速度，m/s。

　　这些公式都没有把线材弯曲缠绕于绞盘上及空转所需的功率包括在内，故使用时应注意。

　　如果校核拉伸机的电动机功率，按拉伸力计算出拉伸所需的功率，其值不大于设备的电动机功率就可以了。

5.3　影响拉伸力的因素

　　影响拉伸力的因素很多，拉伸力既受被拉伸制品的材料本身特性的影响，又受拉伸过程中工艺参数的影响。概括起来，一般有以下几种：

　　(1) 被拉金属或合金的力学性能。实验表明，对于中等强度的金属和合金，拉伸力与极限强度呈线性关系，即拉伸力随着金属或合金的极限强度的增加呈近似直线增加。对于强度低的合金来说，如纯铝、铅锌及其合金等，由于再结晶温度低，在拉伸过程中，加工硬化小或不产生加工硬化，所以安全系数是降低的，在拉伸时容易断线。

　　一般材料的抗拉强度高，则拉伸力大；在其他条件相同时，拉伸力大，安全系数较低。

　　(2) 变形程度。从感性认识，变形量大时要用更大的拉力。拉伸力与变形程度成正比，存在着近似的线性关系，随着道次延伸系数的增加，拉伸力增大，即变形程度越大，拉伸力也越大，因而增加了模孔对线材的正压力，摩擦力也随之增加，所以拉伸力也增加。

　　(3) 拉伸速度。在一般情况下，拉伸力与拉伸速度成正比。在拉伸速度不高的情况下，提高拉伸速度，使金属的变形抗力增大，从而增大拉应力，拉伸力增大。当速度增加到一定程度时，由于高速拉伸产生的变形热来不及散发，致使在变形区内的金属温度升高，而降低金属的变形抗力，致使拉应力下降，拉伸力减小；同时，速度增加还有利于润滑剂带入模孔，增强润滑效果，从而减小拉伸力。因为拉伸速度增大，在润滑剂黏度不变的情况下，可更加有效地在拉伸模具与被拉金属间形成油楔，增加拉伸模与被拉线材之间的油膜厚度，减小拉伸模与被拉线材之间的摩擦力，从而减小拉伸应力和拉伸力。因此拉伸速度对拉伸力的影响需要分析其对拉伸线材材料的强化与软化的结果，以及改善润滑等的综合效果来加以判断。

　　(4) 反拉力。反拉力指作用于线材拉伸时入模端的力，其方向与线材拉伸力方向相反。临界反拉力指使总拉伸力有显著增加时的最小反拉力。

　　随着反拉力的增加，拉伸力逐渐增加。如放线架制动过大，前一道次离开鼓轮线材的张力增加等会增加后一道次的反拉力。但反拉力处于临界范围时，对拉伸力没有影响。临界反拉力和临界反拉应力值的大小主要与被拉金属材料的弹性极限和拉伸前的预先变形程度有关，而与该道次的加工率无关，弹性极限和预先变形程度愈大，临界反拉应力也愈大。

利用这一现象，将反拉应力控制在临界反拉应力值的范围内，可以在不增大拉伸应力和减小道次加工率的情况下，减小拉模入口处金属对模壁的压力和磨损，从而提高拉模的使用寿命。

（5）拉伸模孔的几何形状。拉模锥角 α 和定径带长度对拉伸力均有影响。

在拉模工作区模角增加，有两个因素影响着拉伸力，一方面摩擦表面减小，摩擦力相应减小；另一方面金属在变形区的变形抗力随模角的增大而增大，使拉伸力变大。对于不同的加工率、摩擦系数、拉模材质、被拉金属与合金的力学性能等因素来说，随着 α 角的增大，拉伸应力和极限强度的比值都有一最小值，与此相对应的模角称为合理模角。由实际生产可知，随着变形程度的增加，合理模角 α 的值也逐渐增大。分析和实践证明，模角在 $6° \sim 12°$ 范围内，拉力最小。对软材料（如铝）用 $12°$，硬材料（如钢）用 $6°$，中等硬度材料（如铜）用 $8°$。

定径带的长度对拉伸力也有影响。拉模中定径带越长，拉伸力也越大。但定径带长度关系到模具的使用寿命，不能过短。当加工率较小时（8%～16%），被拉伸金属的实际尺寸与定径带的直径相等。在定径带的整个长度上，都存在与金属的摩擦，定径带愈长，摩擦力愈大，所以拉伸应力也愈大。

（6）线材形状的影响。线材截面越复杂，拉伸力越大。当制品截面积相同时，形状越复杂，截面周长越长。圆最短，六角形次之，正方较长，矩形更长，而异型者尤甚。这不但增加了金属的不均匀变形，还增大制品与模子的接触面积，使摩擦力增大，拉伸力增大。

（7）摩擦与润滑。线材与模孔间的摩擦系数越大，拉伸力也越大。摩擦系数的大小由线材的材质、模芯材料及其加工的光洁度和润滑剂的成分与质量等因素有关。铜线材表面酸洗不彻底，表面有残存的氧化亚铜细粉，也会使拉伸力增加。

模孔对制品的摩擦力是制品向前运动的阻力，故摩擦力将增大拉伸力。所以拉伸时必须加适当的润滑剂，要采用硬而不易磨损的模具，且将模孔抛光成镜面，有时要对制品表面进行处理，以便有更好的润滑能力。表 5-2 为不同润滑剂和拉模材质对拉伸力的影响。

由此可见，在其他条件相同的情况下，钻石模的拉伸力最小，硬质合金模次之，钢模的拉伸力最大，这是因为模具材料越硬，抛得越光，金属越不黏结工具。

表 5-2　润滑剂和拉模材质对拉伸力的影响

金属与合金	坯料直径/mm	加工率/%	拉模材料	润滑剂	拉伸力/kN
黄铜	2.0	20.1	碳化钨	固体肥皂	20
			钢		32
磷青铜	0.65	18.5	碳化钨	固体肥皂	15
				植物油	26
B20	1.12	20.0	碳化钨	固体肥皂	16
				植物油	20
			钻石	固体肥皂	15
				植物油	16

一般被拉伸材料的表面愈光滑，拉伸力愈小。对酸洗后的材料，通常由于酸洗不彻底，制品表面带有残酸，则会破坏润滑剂的润滑性能而使拉伸力增大。但如果水洗良好，制品表面微小的凹凸不平有利于润滑剂的贮存，不但不会增大拉伸力，反而会减小拉伸力。

（8）振动。在拉伸时使用振动拉伸模会使拉伸力降低，然而随拉线速度的升高，此效应逐步减弱，最终消失，故适合于低速拉伸。此外，振动的频率和振幅，对模子与制品的放置等都有严格要求，才能收到良好的效果。

（9）其他因素的影响。拉伸模的位置：拉伸模安放不正或模座歪斜会增加拉伸力，使线径及表面质量达不到标准要求。

各种外来因素：如线材进线不直，放线时打结，拉伸过程中铜杆抖动，都会使拉伸力增大，严重时引起断线，尤其拉小线时更甚。

复习思考题

1. 写出计算线材拉伸力大小的计算公式，并指出各符号的含义。
2. 影响线材拉伸力的因素有哪些？

6 线材拉伸工艺

6.1 实现拉伸过程的条件

加在被拉金属前端的作用力称为拉伸力，以 P 表示。拉伸力的大小取决于实现金属变形所需能量的大小。

作用于被拉金属出口端单位面积上的拉伸力，称为拉伸应力，以 σ_L 表示。

$$\sigma_L = \frac{P}{F} \tag{6-1}$$

式中　F——金属出口端的截面积，mm^2。

6.1.1 实现拉伸过程的基本条件

为实现拉伸过程，并使所拉出的线材符合有关标准要求，必须使拉伸应力 σ_L 的值小于模孔出口端金属线材的屈服强度 R_{eL}，即：

$$\sigma_L < R_{eL} \tag{6-2}$$

式中　R_{eL}——被拉金属出口端的屈服强度，MPa。

　　　σ_L——拉伸应力，MPa。

因为只有当 $\sigma_L < R_{eL}$ 时，才能防止线材被拉断或产生拉细废品；由于有色金属的屈服强度难于准确测定，而且拉伸硬化后的金属屈服强度与其抗拉强度 R_m 数值相近，所以实现拉伸过程的条件可以写成：

$$\sigma_L < R_m \tag{6-3}$$

式中　R_m——被拉金属出口抗拉强度，MPa。

被拉金属出口抗拉强度 R_m 与拉伸应力 σ_L 的比值称为安全系数，即：

$$K = \frac{R_m}{\sigma_L} \tag{6-4}$$

很明显，实现拉伸过程的基本条件是 $K > 1$。

应当指出，安全系数与设备能力、被拉金属的断面形状、尺寸、状态、变形条件（如温度、速度、变形程度、反拉力等）以及金属或合金的性能（如金属或合金所具有的强度极限的高低、再结晶温度的高低等）有关。不同的金属及合金的安全系数各不相同，即使同一金属及合金的安全系数，其数值与被拉金属的直径、所处的状态（退火或硬化）及变形条件有关。

一般正常拉伸过程中取 $K = 1.4 \sim 2.0$，即 $\sigma_L = (0.7 \sim 0.5) R_m$（如果用线材的出口屈服强度 R_{eL} 代替 R_m，则 $K \geqslant 1.1 \sim 1.2$）。

若 $K < 1.4$，则在拉伸时可能由于加工率过大，使线材出现细颈或被拉断的现象；

若 $K > 2.0$ 时，则说明道次加工率不够大，金属或合金的塑性未被充分利用。

一般规律是线材的横断面积越小，安全系数 K 值应当越大；断面积相等时，其边长之和大的 K 值应取大些。这是因为随着线材断面积的逐渐缩小，被拉金属线材的内部各种缺陷相继表现出来，以及由于设备的振动、速度的骤变等因素对降低金属强度的影响增大，容易造成断线。另外，当线材的断面积相等时，横断面的边长之和愈大，所需的拉伸应力 σ_L 也愈大。在屈服强度相同的情况下，$\dfrac{R_m}{\sigma_L}$ 之值是极小的，所以在断面积相等时，断面边长之和比较大的线材在拉伸时 K 值应取大些。

安全系数和圆断面线材直径的关系见表 6-1。

表 6-1　安全系数和圆断面线材直径的关系

线材直径/mm	粗型线和粗圆线	>1.0	1.0 ~ 0.4	<0.4 ~ 0.1	<0.1 ~ 0.05	<0.05
安全系数 K	≥1.35 ~ 1.4	≥1.4	≥1.5	≥1.6	≥1.8	≥2.0

6.1.2　拉断的主要原因

按正常的拉伸工艺进行生产时，若出现过多的拉断现象，应从以下几方面查找原因：

（1）坯料退火不透，金属塑性没有完全恢复。

（2）坯料尺寸公差不符合要求，大多数情况下是管材壁厚超正公差。

（3）酸、水洗不净，管材内表面的氧化皮或残酸没有除尽，增大了摩擦系数。

（4）润滑不充分或润滑剂不清洁。

（5）模具的形状不合理或脱铬粘铜。

（6）局部拉伸力过大，芯头进入空拉段。

以上几种情况使金属强度、加工率、摩擦系数增大，导致拉伸应力 σ_L 增大，安全系数 K 值减小。操作时应针对上述情况及时采取必要的措施，以减少拉断现象，保证拉伸过程顺利进行。

6.2　变形指数及其应用

6.2.1　变形指数

拉伸过程中金属变形量的大小用下面几个变形指数来表示。

（1）加工率——拉伸前、后线坯与制品横断面积之差与拉伸前线坯横断面面积之比的百分数称为加工率。加工率常用 ε 表示，则：

$$\varepsilon = \frac{F_0 - F}{F_0} \times 100\% \tag{6-5}$$

对圆形线材，可表示为：

$$\varepsilon = \frac{d_0^2 - d^2}{d_0^2} \times 100\% \tag{6-6}$$

式中　F_0——拉伸前坯料的横截面积，mm^2；

　　　　F——拉伸后制品的横截面积，mm^2；

d_0——拉伸前坯料的直径 mm；

d——拉伸后制品的直径，mm。

（2）延伸系数——拉伸前线坯横断面积 F_0 和拉伸后制品横断面积 F 的比值或拉伸后长度 L 与拉伸前长度 L_0 的比值。延伸系数用 λ 表示，则：

$$\lambda = \frac{F_0}{F} = \frac{L}{L_0} \tag{6-7}$$

式中　L_0——拉伸前坯料的长度，mm；

L——拉伸后制品的长度，mm。

对于圆形线材：

$$\lambda = \frac{F_0}{F} = \frac{d_0^2}{d^2} \tag{6-8}$$

延伸系数 λ 与加工率 ε 的关系为：

$$\varepsilon = \frac{F_0 - F}{F_0} \times 100\% = \left(1 - \frac{F}{F_0}\right) \times 100\% = \frac{\lambda - 1}{\lambda} \times 100\% \tag{6-9}$$

（3）伸长率——线材拉伸后长度和拉伸前长度之差与拉伸前长度之比的百分数。伸长率以 A 表示，则：

$$A = \frac{L - L_0}{L_0} \times 100\% \tag{6-10}$$

（4）断面缩减系数——线材拉伸后制品横断面积与拉伸前制品横断面积的比值。断面缩减系数以 Z 表示，则：

$$Z = \frac{F}{F_0} \tag{6-11}$$

拉伸变形各个指数间相互关系见表6-2。

表6-2　拉伸变形各个指数间关系

指　数	符　号	由下列数值表示指数值						
		F_0, F	d_0, d	L_0, L	ε	λ	A	Z
加工率	ε	$\dfrac{F_0 - F}{F_0}$	$\dfrac{d_0^2 - d^2}{d_0^2}$	$\dfrac{L - L_0}{L_0}$	ε	$\dfrac{\lambda - 1}{\lambda}$	$\dfrac{A}{1 + A}$	$1 - Z$
延伸系数	λ	$\dfrac{F_0}{F}$	$\dfrac{d_0^2}{d^2}$	$\dfrac{L}{L_0}$	$\dfrac{1}{1 - \varepsilon}$	λ	$1 + A$	$\dfrac{1}{Z}$
伸长率	A	$\dfrac{F_0 - F}{F}$	$\dfrac{d_0^2 - d^2}{d^2}$	$\dfrac{L - L_0}{L_0}$	$\dfrac{\varepsilon}{1 - \varepsilon}$	$\lambda - 1$	A	$\dfrac{1 + Z}{Z}$
断面缩减系数	Z	$\dfrac{F}{F_0}$	$\dfrac{d^2}{d_0^2}$	$\dfrac{L_0}{L}$	$1 - \varepsilon$	$\dfrac{1}{\lambda}$	$\dfrac{1}{1 + A}$	Z

6.2.2　利用变形指数进行拉伸工艺计算

延伸系数和加工率的计算如下。

[**例 6-1**]　拉伸 T2 紫铜圆盘线的挤压坯料为 ϕ6mm，成品规格为 ϕ2mm，工艺流程为 ϕ6—ϕ5—ϕ4.1—ϕ3.5—ϕ3.0—ϕ2.6—ϕ2.25—ϕ2，试计算各道次延伸系数、各道次加工率和总延伸系数、总加工率。

解: 已知 $d_0 = 6$，$d_1 = 5$，$d_2 = 4.1$，$d_3 = 3.5$，$d_4 = 3$，$d_5 = 2.6$，$d_6 = 2.25$，$d = 2$

（1）求道次延伸系数和总延伸系数。

按公式（6-8）计算延伸系数。

道次延伸系数:

$$\lambda_1 = \frac{d_0^2}{d_1^2} = \frac{6^2}{5^2} = 1.44$$

$$\lambda_2 = \frac{d_1^2}{d_2^2} = \frac{5^2}{4.1^2} = 1.487$$

$$\lambda_3 = \frac{d_2^2}{d_3^2} = \frac{4.1^2}{3.5^2} = 1.372$$

$$\lambda_4 = \frac{d_3^2}{d_4^2} = \frac{3.5^2}{3^2} = 1.361$$

$$\lambda_5 = \frac{d_4^2}{d_5^2} = \frac{3^2}{2.6^2} = 1.331$$

$$\lambda_6 = \frac{d_5^2}{d_6^2} = \frac{2.6^2}{2.25^2} = 1.335$$

$$\lambda = \frac{d_6^2}{d^2} = \frac{2.25^2}{2^2} = 1.266$$

总延伸系数:

$$\lambda_\Sigma = \frac{d_0^2}{d^2} = \frac{6^2}{2^2} = 9$$

（2）求道次加工率和总加工率。

按公式（6-6）计算加工率。

道次加工率:

$$\varepsilon_1 = \frac{d_0^2 - d_1^2}{d_0^2} \times 100\% = \frac{6^2 - 5^2}{6^2} \times 100\% = 30.55\%$$

$$\varepsilon_2 = \frac{d_1^2 - d_2^2}{d_1^2} \times 100\% = \frac{5^2 - 4.1^2}{5^2} \times 100\% = 32.76\%$$

$$\varepsilon_3 = \frac{d_2^2 - d_3^2}{d_2^2} \times 100\% = \frac{4.1^2 - 3.5^2}{4.1^2} \times 100\% = 27.13\%$$

$$\varepsilon_4 = \frac{d_3^2 - d_4^2}{d_3^2} \times 100\% = \frac{3.5^2 - 3^2}{3.5^2} \times 100\% = 26.53\%$$

$$\varepsilon_5 = \frac{d_4^2 - d_5^2}{d_4^2} \times 100\% = \frac{3^2 - 2.6^2}{3^2} \times 100\% = 24.89\%$$

$$\varepsilon_6 = \frac{d_5^2 - d_6^2}{d_5^2} \times 100\% = \frac{2.6^2 - 2.25^2}{2.6^2} \times 100\% = 25.11\%$$

$$\varepsilon = \frac{d_6^2 - d^2}{d_6^2} \times 100\% = \frac{2.25^2 - 2^2}{2.25^2} \times 100\% = 20.99\%$$

总加工率:
$$\varepsilon_\Sigma = \frac{d_0^2 - d^2}{d_0^2} \times 100\% = \frac{6^2 - 2^2}{6^2} \times 100\% = 88.89\%$$

6.3 拉伸前准备

6.3.1 线材产品的技术条件及工艺流程

6.3.1.1 线材产品的技术条件

重有色金属及合金线材广泛地应用于国民经济各个部门,这些线材产品是根据用户的要求或产品的技术条件来生产的,重有色金属及合金线材产品的技术标准(条件)列于附录2中。

6.3.1.2 常用的有色金属及合金线材生产工艺流程

生产工艺流程是根据设备条件、产品的技术条件、所生产的金属及合金的特点及尽量提高生产效率、节约能源,降低原辅材料消耗等综合指标来考虑的。

图6-1是常用的线材生产工艺流程。工艺流程图中铸造锭坯和锭坯一般均应经过加热

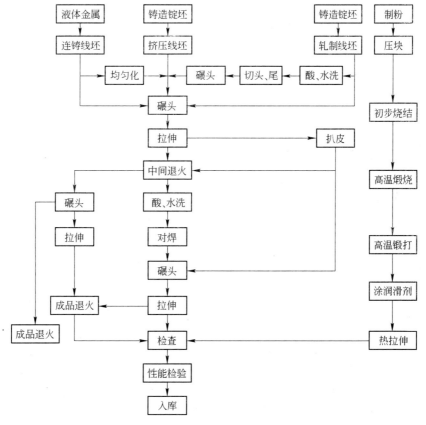

图6-1 线材生产工艺流程

后才进行挤压或轧制，只有那些不可热轧的合金才以冷轧的形式供坯。

线材拉伸工艺流程为：线坯—轧头—拉伸—扒皮—拉伸—退火—对焊—拉伸—（成品退火）—成品线材。

6.3.1.3　铜合金线材常用生产工艺流程

铜合金线材按照合金牌号分为黄铜线、青铜线和白铜线，主要品种有条帽铅黄铜线、接插件青铜线、圆珠笔芯线、镜架线、保护气体焊丝、铜磷焊丝和银铜焊丝等。

A　黄铜线材及生产工艺

黄铜线材具有高强、耐蚀、易切削和成本低等特点，主要用于制造各种建筑配件、制锁、接插件、端子等领域。生产中利用合金的各种边角余料，生产低成本、易切削的黄铜线和型线。

生产的黄铜线主要有扁线和圆线。中小企业主要生产方法为：水平连铸—多模拉伸法。生产工艺流程如下：

生产中的退火控制：半成品过道退火控制见表6-3，成品退火控制见表6-4。

表6-3　半成品过道退火控制

合金牌号	线材规格/mm	退火温度/℃	保温时间/min
H62、H65、H68、H70	< φ3.5	580 ~ 640	90 ~ 120
	> φ3.5	640 ~ 680	90 ~ 120

表6-4　成品退火控制

合金牌号	状态	线材规格/mm	退火温度/℃	保温时间/min
H96	M	φ0.1 ~ 6.0	390 ~ 410	110 ~ 130
H90	Y	φ0.1 ~ 6.0	160 ~ 180	90 ~ 100
	M	φ0.1 ~ 6.0	390 ~ 410	110 ~ 130
H70、H75、H80、H85	Y	φ0.1 ~ 6.0	160 ~ 180	90 ~ 100
	M	φ0.1 ~ 6.0	390 ~ 410	110 ~ 130
H68	Y	φ0.1 ~ 6.0	160 ~ 180	100 ~ 110
	Y2	φ0.1 ~ < 1.5	160 ~ 180	100 ~ 110
		φ1.5 ~ 6.0	350 ~ 370	90 ~ 100
	M	φ0.1 ~ < 1.5	390 ~ 420	90 ~ 100
		φ1.5 ~ 6.0	420 ~ 480	90 ~ 100
H65	Y	φ0.1 ~ 6.0	160 ~ 180	100 ~ 110
	Y2	φ0.1 ~ 6.0	160 ~ 180	100 ~ 110
	M	φ0.1 ~ < 1.5	350 ~ 380	90 ~ 100
		φ1.5 ~ 6.0	380 ~ 410	90 ~ 100

合金牌号	状 态	线材规格/mm	退火温度/℃	保温时间/min
H62	Y	$\phi0.05 \sim 6.0$	160 ~ 180	100 ~ 110
	Y2	$\phi0.05 \sim 1.0$	160 ~ 180	100 ~ 110
		$\phi1.0 \sim 6.0$	240 ~ 280	100 ~ 110
	M	$\phi0.05 \sim 6.0$	390 ~ 410	90 ~ 100

B 青铜线材及生产工艺

青铜具有较高的弹性、耐蚀性和耐磨性，能冷热加工，并具有良好的焊接、钎焊性和切削性；在淡水中有优越的耐蚀性能，铸造性能好。青铜线主要应用于制造弹性元件、高耐磨接插件和端子、仪表游丝、养护焊接耐磨和耐蚀件、金属制网、氩弧焊接焊丝等。

中小企业主要生产方法为：水平连铸/上引—冷轧—多模拉伸法。生产工艺流程如下：

水平连铸/上引 ⟶ 冷轧 ⟶ 低氧退火 ⟶ 拉刨 ⟶
⟶ 低氧退火 ⟶ 稀酸洗 ⟶ 多模拉伸 ⟶ 检验、包装、入库

工业生产中为改善杆坯的质量，多采用冷轧多模拉伸法，道次退火间加工率控制在50%以下，道次延伸系数控制在1.12以下。

C 锌白铜线材及生产工艺

锌白铜具有优良的耐腐蚀性、冷热加工成型性和易切削性。锌白铜线材用于制造仪器、仪表、医疗器械、日用品和通信等领域的精密零件。

中小企业生产含镍(Ni)25%以上锌白铜线材的主要方法为：水平连铸—热挤压—多模拉伸法和水平连铸—热挤压—冷轧法。含镍(Ni)25%以下锌白铜线材生产的主要方法为：水平连铸/上引—冷轧—多模拉伸法和水平连铸/上引—冷轧、压扁—多模拉伸法等。

含镍(Ni)25%以上锌白铜线材的主要生产工艺为：

水平连铸 ⟶ 热挤 ⟶ 冷轧 ⟶ 低氧退火 ⟶ 连拉连刨 ⟶
⟶ 低氧退火 ⟶ 稀酸洗 ⟶ 多模拉伸 ⟶ 矫直 ⟶ 检验、包装、入库

含镍(Ni)25%以下锌白铜线材的主要生产工艺为：

水平连铸/上引 ⟶ 冷轧 ⟶ 低氧退火 ⟶ 拉刨 ⟶
⟶ 低氧退火 ⟶ 稀酸洗 ⟶ 多模拉伸 ⟶ 罩式退火 ⟶ 检验、包装、入库

生产中的退火控制：半成品过道退火控制见表6-5，成品退火控制见表6-6。

表 6-5　半成品过道退火控制

合金牌号	线材规格/mm	退火温度/℃	保温时间/min
BZn10-25	>φ3.5	650~780	120~150
BZn12-23	>φ3.5	600~780	120~150
BZn15-20	>φ3.5	650~780	120~150
BZn18-17	>φ3.5	650~780	120~150

表 6-6　成品退火控制

合金牌号	状态	线材规格/mm	退火温度/℃	保温时间/min
BZn10-25	Y2	φ0.05~6.0	400~420	110~130
BZn12-23	M	φ0.05~6.0	600~620	110~140
BZn15-20	M	φ0.05~6.0	650~700	110~140
BZn18-17	M	φ0.05~6.0	650~720	110~140

6.3.2　对线坯的要求

为了保证产品质量，对轧制、挤压、连铸和粉末冶金制得的线坯有如下要求：

（1）线坯的规格及尺寸公差应符合要求，椭圆度不应超出公差要求的范围。

（2）线坯的内在质量应保证组织致密无夹灰、夹杂、缩尾等缺陷，化学成分应符合有关标准的规定或符合用户提出的技术要求。

（3）线坯表面应平整、光洁，不应有裂纹、划伤、耳子、折痕、毛刺、金属压入、夹杂、夹灰，粉末冶金线坯不应有掉粉末等缺陷，允许存在深度不超过允许公差的局部碰伤、划伤等缺陷，允许线坯表面的氧化色存在。

（4）线坯应做扭转试验，沿轴线左转 720°后应不发生裂纹。如果是连铸线坯，应做弯曲试验，弯曲两次后弯曲处应无裂纹。

（5）线材一般应以软态或热加工状态供货。

（6）线坯的质量应根据生产条件确定，一般应尽量供应质量较大的线坯。

6.3.3　拉伸前线坯的准备

线坯拉伸前应对其表面进行适当处理，如某些轧制线坯要进行酸洗，以便除掉氧化层，某些连铸线坯要进行均匀化处理等。也有一些线坯可以直接进行拉伸，拉伸前线坯应进行切头尾、对焊、除焊渣、辗头等准备工作。

（1）对焊。为了提高生产效率，拉伸前线坯采用对头接焊，以增加线坯的长度。对焊前应剪去线坯头尾，正常情况下头尾各剪去 100~150mm，如果发现内部缺陷应一直剪到缺陷消除为止。剪切后把待焊的两条线坯端部分别夹在对焊机的两个钳口上，把两个线头对正靠紧，用限位开关调整好焊接距离，然后送电焊接。在整个焊接过程中，应对被焊接线坯施加压力，焊好后立即停电，以免将焊好的线坯烧断。待焊接处冷却后，用歪嘴钳（或砂轮）除掉焊渣，使焊接处尽量平整，焊接处经反复弯曲两次不断，即可拉伸。对于某些不易焊接的合金，在焊完后可在焊接机上进行退火处理，以减少在焊接处的断线次数。在焊接细线（直径 3mm 以下）时，可采用 304 号铜-银-锌焊料，此焊料为片状，厚度为 0.12~0.18mm，焊接时将两线的接头对正，接触好，然后送电加热，以硼砂作焊剂，焊完冷却后用锉刀将焊口锉平。

（2）辗头。为了使被拉伸的线材端头穿过模孔，必须辗头，使线材的端头直径略小于要通过的模孔的直径。在辗头机上辗头时，应将要辗的线材端头按辗头机孔型大小顺序不同，依次送入每个适当的孔型，每辗一次应将线材翻转90°辗头后线材端头应呈圆形且无压扁、无耳子，辗头的长度应为100~150mm左右。直径较小的线材，如直径在1.5mm以下的线材，辗头比较困难，可用锉刀锉头、砂轮磨头，也可以在对焊机上送电加热拽头。直径在0.5mm以下的线材除用上述方法制头外，还可采用电化腐蚀的方法。

（3）线坯扒皮。为了除掉某些轧制或连铸线坯表面的氧化皮、起刺、凹坑、夹灰、金属压入、停拉造成的环状痕迹等缺陷，或为了获得高质量的成品线材，一般线坯表面应在拉伸前用扒皮模将线坯表面的缺陷扒掉。为确保扒皮质量，提高扒皮的成品率，在扒皮前应经过一道加工率为12%~40%的拉伸，然后经过可调的导位装置，进入扒皮模进行扒皮。因为线坯的椭圆度较大，且材质较软，经一道拉伸后，线坯变圆，且已加工硬化，这样能保证线坯圆周均匀地扒去一层。如不能完全消除线坯表面缺陷，应重复扒皮，或剪掉个别缺陷部分，然后焊接。

如果连铸线坯表面质量好，可以不扒皮，而挤压线坯则不必扒皮。

每次扒皮量参考值列于表6-7中。

表6-7　扒皮量参考值

名　称	紫　铜	黄　铜	青　铜	铜镍合金	镍及镍合金	铅、锌
每次扒皮量/mm	0.3~0.5	0.25~0.4	0.2~0.4	0.2~0.4	0.1~0.2	0.2~0.5

6.3.4　加工率的确定

线材的拉伸过程实质上是材料的加工硬化过程，其硬化过程是由合金成分和加工率所决定。图6-2是T2、H65、HPb63-3、QSn6.5-0.1、BZn15-20的力学性能与加工率关系曲线。

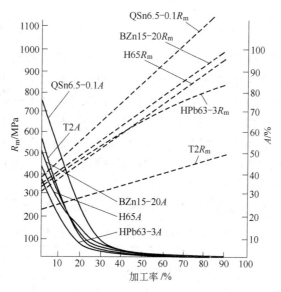

图6-2　T2、H65、HPb63-3、QSn6.5-0.1、BZn15-20的力学性能与加工率的关系曲线

目前，线材成品的性能一般使用加工率来控制，不同的合金牌号、不同的状态，选择不同的加工率，而线材的中间拉伸则要依据设备和金属塑性等条件，尽量采用较大的加工率，以减少退火次数，缩短生产周期。各合金牌号两次退火间的总加工率和成品加工率的规定，见表6-8。当然还可以用退火来控制成品最终的性能，首先要先控制好成品前的总加工率，然后用退火温度和保温时间来达到其最终的性能要求。

6.3.4.1　两次退火间的总加工率的确定原则和方法

确定线材拉伸总加工率的主要原则是考虑金属合金的塑性、生产效率和变形条件，同时还应考虑其他因素如设备能力、模具质量、原辅材料消耗等。对于中间制料拉伸，只要线材的塑性好，不影响其后的成品质量和性能，生产效率高，总加工率愈大愈好。如果用最后拉伸的总加工率来控制线材的各项性能，就要按总加工率与各项性能关系曲线来确定该总加工率的范围。

对于新牌号合金线，则应进行一系列试验，绘制出不同的退火温度与该温度相应的强度、伸长率、晶粒度、电导率等指标的关系曲线。其所用的试样直径最好为 3.0～5.0mm，预先的加工率为30%～60%，保温时间为60min，个别合金还要随炉冷却、随炉升温、阶梯式升温、淬火、时效等。根据关系曲线找到最好的拉伸前的中间退火温度范围，在此温度范围内退火，可获得最大的伸长率，即获得该合金的最佳塑性。依此，就可以得到两次退火间最大的总加工率，另外，需要进行不降低或少降低抗拉强度的消除内应力退火，其需要的温度范围也可以确定。

除上述的关系曲线外，还应绘出变形程度（即加工率）与其相应的电导率、抗拉强度、伸长率、硬度等指标的关系曲线，还应试验线材不同的总加工率与线材的弯曲次数、扭转次数及冲压和缠绕等性能的关系。试验时试样直径最好为 6.0～9.0mm，并经最佳退火（个别合金需要淬火）。工艺退火后的软线，如果线材的各项性能需要用最后的总加工率来控制，就要按照标准或用户要求的性能数据范围，来规定最后拉伸的总加工率范围。

6.3.4.2　道次加工率的确定原则

道次加工率的确定，同样要根据金属或合金的性质、设备的允许条件、工艺方法、模具质量等因素来综合考虑。在设备能力和金属塑性许可的情况下，应尽量采用较大的道次加工率。对于焊接线坯，由于焊接处强度较低，因此第一道加工率应小些。对于同一金属或合金，大规格采用中下限，小规格采用中上限，单次拉伸道次加工率大，无滑动积蓄式多模拉伸的道次加工率比单次拉伸略小，带滑动多模拉伸的道次加工率就更小些。一般塑性较好并具有中等抗拉强度的金属或合金道次加工率可大些；塑性差的加工率应小些；而塑性虽好，但抗拉强度高，其道次加工率也应小些。

各种金属及合金所规定的加工率列于表6-8中，可供参考。

表 6-8　各种金属及合金加工率的规定

合金牌号	两次退火间总加工率/%	成品直径/mm	成品加工率/%		
			软	半　硬	硬
T2、T3、Tu1、Tu2、TuP	30～99 以上	0.02～6.0	30～99 以上	—	60～99

合金牌号	两次退火间总加工率/%	成品直径/mm	成品加工率/%		
			软	半 硬	硬
T2 铆钉	30~99 以上	1.0~1.5	—	6.5~10	—
		>1.5~6.0	—	9~13	—
H96、H90	25~95	0.1~0.6	25~95	—	50~70
H80、H70	25~95	0.1~0.6	25~95	—	45~55
H68、H68A	25~95	0.05~0.25	25~95	退火控制	60~64
		>0.25~1.0		6~12	58~62.5
		>1.0~2.0		8~12.3	45~48
	25~85	>2.0~4.0	25~85	9~14	44~47
		>4.0~6.0		9~15	43~46
H62 铆钉	25~85	1.0~2.0	—	9~11	—
		>2.0~3.5		11~12	
		>3.5~6.0		12~13	
H62	25~95	0.05~0.25	25~95	退火控制	64~72
		>0.25~1.0		14~17	61~69.5
		>1.0~2.0		12~14.5	52~59
	25~85	>2.0~4.0	25~85	14~19.5	48~56
		>4.0~6.0		13~21	43~54
HPb59-1	20~90	0.5~2.0	25~85	17~31	34~48
		>2.0~4.0		17.5~30	29~40
		>4.0~6.0		16~28	27~30
HPb63-3	20~70	0.5~2.0	20~70	20~39	40~60
		>2.0~4.0		20~39	40~60
		>4.0~6.0		20~39	40~60
QSn4-3	35~96	0.1~1.0	—	—	95~97
		>1.0~2.0			93~94
		>2.0~4.0			90~94
		>4.0~6.0			88~90
QSn6.5-0.1	25~80	0.1~1.0	—	—	65~72
		>1.0~2.0			63~70
		>2.0~4.0			61~70
		>4.0~6.0			60~67
QSi3-1	15~60	0.1~0.5	—	—	67~78
		>0.5~2.5			67~76
		>2.5~4.0			64~68
		>4.0~6.0			58~63

续表 6-8

合金牌号	两次退火间总加工率/%	成品直径/mm	成品加工率/%		
			软	半 硬	硬
BZn15-20	30 ~ 95	0.1 ~ 0.2	30 ~ 95	—	75 ~ 90
		>0.2 ~ 0.5		36 ~ 46	75 ~ 80
		>0.5 ~ 2.0		30 ~ 40	68 ~ 75
		>2.0 ~ 6.0		30 ~ 40	62 ~ 70
B10	30 ~ 95	0.1 ~ 0.5	30 ~ 90	—	76 ~ 86
		>0.5 ~ 6.0			70 ~ 80
B30	30 ~ 95	0.1 ~ 0.5	30 ~ 95	—	78 ~ 88
		>0.5 ~ 6.0			63 ~ 80
BMn40-1.5	30 ~ 95	0.05 ~ 0.20	35 ~ 98	—	68 ~ 90
		>0.2 ~ 0.5			67 ~ 85
		>0.5 ~ 6.0			62 ~ 78
NCu28-2.5-1.5	30 ~ 95	0.05 ~ 0.5	30 ~ 95	—	46 ~ 70
		>0.5 ~ 4.0			38 ~ 58
		>4.0 ~ 6.0			35 ~ 55
Pb2、Pb3	25 ~ 99	0.5 ~ 6.0	—	—	25 ~ 99
Zn2、Zn3	55 ~ 99	0.5 ~ 6.0	—	—	55 ~ 99
AgCu7.5、AgCu20	40 ~ 99	0.1 ~ 6.0	—	—	40 ~ 99
H1Sn、Pb50	30 ~ 99	0.5 ~ 6.0	—	—	30 ~ 99

注: 1. 表中软线的加工率是为了最大限度地减径，以经过很少的中间退火和酸洗次数达到成品尺寸，其性能控制是依靠热处理来完成的。

2. 半硬线的加工率，是为了控制半硬制品各项性能，在此加工率范围内基本可满足相关标准对线材性能的要求。硬态线材的加工率范围制定与半硬线一致。

3. 软态成品加工到成品尺寸后，再进行光亮退火。

6.3.5　异型线拉伸

异型线的拉伸方法有两种，第一种是用圆线坯直接拉伸，如方线、六角线和宽厚比小于 1.6 的扁线；第二种是用相似形线坯直接拉伸。确定异型线所需要的圆线坯尺寸时，方线坯、六角线坯按表 6-9 中的经验公式来确定；而扁线坯按表 6-10 中的经验公式来确定。

表 6-9　方线坯、六角线坯加工圆坯经验公式

形状	经验公式	β 值					
		H62	HPb59-1	QSn4-3	QSn6.5-0.1、QSn7-0.2	QSn6.5-0.1、QSn7-0.2	BZn15-20
方 形	$D_0 = A_k \beta$	1.55	1.5	4.5	2.1	1.7	1.5
六角形	$D_0 = A_k \beta$	1.4					

注: D_0 为圆线坯的直径；A_k 为型线成品边长。

表6-10 扁线坯加工圆坯经验公式

成品宽厚比	经验公式
≤1.6	$D_0 = 1.5\sqrt{ab}$
>1.6	$D_0 = \dfrac{a+b}{2}(1+\beta)$

注：D_0 为圆线坯的直径；a 为扁线厚度；b 为扁线宽度；β 为经验系数。

6.4 线材连续拉伸的道次和道次加工率设计

6.4.1 道次安全系数

在拉伸过程中，线材拉伸应力只有大于变形抗力时才能发生塑性变形，线材才能被连续拉伸。但是，拉伸应力 σ_L 大于模孔出口端金属的屈服强度 R_{eL} 时，就出现拉细或拉断现象。因此，σ_L 小于 R_{eL} 是实现正常拉伸的一个必要条件。通常用 σ_L 与 R_{eL} 的比值大小表示能否正常拉拔，即安全系数。详细内容见6.1节。

6.4.2 拉伸过程中常用参数的关系

在多次拉伸过程中，各种参数之间的关系错综复杂，在不同形式的拉伸机上，由于工作原理的不同而有不同的计算关系，见表6-11。

表6-11 不同形式多次拉伸中常用参数间的关系和公式

参数关系及计算公式	非滑动式		滑动式	
	直线式	积线式	递减延伸	等延伸
(1) 延伸系数，$\mu_n = \gamma_n$ 鼓轮线速度，$\gamma_n = v_k$	√	×	×	×
(2) 延伸系数，$\mu_n > \gamma_n$ 鼓轮线速度，$\gamma_n > v_k$	×	√	√	√
(3) 各道次秒体积相等	√	×	√	√
(4) 相对前滑系数	×	×	√	√
(5) 总相对前滑系数	×	×	√	√
(6) 积线系数	×	√	×	
(7) 反拉力	√	×	√	√
(8) 总延伸系数	√	√	√	√
(9) 总减缩率	√	√	√	√
(10) 拉伸道次	×	×	×	√

注：表中符号"√"表示适用，符号"×"表示不适用；v_k 为实际线速度。

6.4.3 拉伸道次的计算

在设计和选择新的拉伸机时，拉伸道次的计算和设计可按下列公式进行：

（1）用等延伸滑动式拉伸机时：如已知进线线径 d_0 和生产的成品线径 d_k 以及拉伸机各道次延伸系数 λ_n（λ_n = 常数），总延伸系数公式：

$$\lambda = d_0^2/d_k^2 \tag{6-12}$$

（2）道次延伸系数相同的拉伸道次计算：

$$n = \lg\lambda_\Sigma/\lg\bar{\lambda} \tag{6-13}$$

式中　n——拉伸道次；

　　$\lg\lambda_\Sigma$——总延伸系数的对数；

　　$\lg\bar{\lambda}$——平均延伸系数的对数。

（3）道次延伸系数顺次递减的拉伸道次计算：

$$K = \lg\lambda_\Sigma/(C - \beta\lg\lambda_\Sigma) \tag{6-14}$$

式中　C，β——与被拉伸线材尺寸有关的系数，具体数据见表6-12。

表6-12　不同线径的 C、β 值

被拉伸的铜线直径/mm	β 值	C 值
4.50 以上	0.03	0.20
4.49 ~ 1.00	0.03	0.18
0.99 ~ 0.40	0.02	0.14
0.39 ~ 0.20	0.01	0.12
0.19 ~ 0.10	0.01	0.11
0.09 ~ 0.05	0.00	0.10
0.04 ~ 0.03	0.00	0.09
0.02 ~ 0.01	0.00	0.08

（4）采用非滑动式积线拉伸机时，根据给定的成品线径和出线线径，以及预定的各道次鼓轮间的平均速比，先求总延伸系数（取积线系数 $J = 1.03$），再按以上公式求得拉伸道次。

6.4.4　拉伸道次的加工率

确定拉伸道次的加工率，也就是确定各道次延伸系数，是拉伸配模过程中重要的一个环节。各道次延伸系数的分布规律一般是第一道次低，拉伸系数取 1.30 ~ 1.40，这是因为线坯的接头强度较低，线坯弯曲不直，表面粗糙，粗细不均等因素的影响，所以安全系数要大；第二、第三道次延伸系数可取大些，经过第一道次拉伸后，各种安全系数逐道递减，这是因为随着变形硬化程度增加和线径的减小，金属塑性下降，其内部缺陷和外界条件对安全系数的影响也逐渐增大，一般情况下，各道次延伸系数的选取见表6-13。

表6-13　各道次延伸系数

线径 ϕ/mm	各道次拉伸系数	线径 ϕ/mm	各道次拉伸系数
≥1	1.30 ~ 1.55	0.01 ~ 0.1	1.10 ~ 1.20
0.1 ~ 1.0	1.20 ~ 1.35		

6.5 拉伸配模

在线材生产中拉伸配模是非常重要的，为了获得标准或技术条件所要求的尺寸、横断面几何形状、力学性能和表面质量良好的线材制品，一般线坯要经过数次拉伸才能完成。拉伸配模是否合理，对于充分利用金属或合金的塑性，减少拉伸道次、提高生产效率等都有重要意义。

拉伸配模的目的在于确定每道次拉伸前后线材断面尺寸和几何形状，也就是确定每道次拉伸所需要的拉模尺寸和形状。

线材一次拉伸是在拉伸机上只通过一个模子；多次拉伸时，线材要同时通过分布在拉伸机绞盘与绞盘之间的数个或数十个拉模，除最后一个拉模外，线材被拉过模子是借助于发生在线材与牵引绞盘表面之间的摩擦力来实现的。

6.5.1 拉伸配模的原则

在制定拉伸方案时，必须考虑下列原则：

（1）最佳的拉伸道次。为了提高生产效率，降低能耗，充分利用金属的塑性、减少不均匀变形程度、尽量减少穿模数目，需要正确的理论计算和长期的实践才能达到。

（2）最少的断线次数。尽可能地减少断线次数，可以缩短非生产时间，并可以提高成品率，减轻劳动强度。

（3）最佳的表面质量和精确的尺寸及几何形状。合理的配模将会保证线材的质量，提高成品率，为此要合理地分配每道次的延伸系数，正确地设计和选用模孔形状及尺寸。

（4）合格的力学性能，保证用户对线材性能的需要，提高成品率，合理制定工艺规程。

（5）配模要与现有设备参数（如模数、拉模速度等），设备能力（如额定拉伸力、拉制的规格范围等）相适应，以保证经济、合理、可行。

6.5.2 拉伸配模的步骤

拉伸配模设计应按下列步骤进行：

（1）根据用户要求和国家标准、企业标准的规定，确保制品力学性能，如对软制品，其力学性能要求用退火方法达到，所以坯料的尺寸和总加工率的选择比较宽，只要保证制品有良好的表面质量并大于临界加工率（经此加工率拉伸和正常退火后产生粗大晶粒的加工率称临界加工率）即可。因此，坯料尺寸和总加工率可按现场生产坯料的能力选取，也可利用现场剩余的同牌号的在制料。对半硬线的力学性能可以通过对冷硬制品的成品退火，或利用控制成品前退火后的总加工率（也称控制加工率）来获得。

（2）查阅金属和合金的力学性能与加工率的关系曲线，确定满足制品力学性能所需要的最后一次中间退火后的总加工率，有时需要留出酸洗余量。根据总加工率和成品尺寸计算出坯料尺寸。

（3）根据现场设备的生产能力或所提供的坯料系列以及金属及合金的塑性，选择或确定坯料尺寸。

（4）根据成品尺寸及坯料尺寸确定总延伸系数。

$$\lambda_\Sigma = \frac{F_0}{F} \qquad\qquad (6\text{-}15)$$

式中　F_0——坯料横断面积，mm^2；

　　　F——制品横断面积，mm^2；

　　　λ_Σ——总延伸系数。

（5）根据总延伸系数，即两次退火间的总延伸系数和道次平均延伸系数，按式 (6-12) ~ 式 (6-14) 初步确定拉伸道次，即：

$$n = \lg\lambda_\Sigma / \lg\overline{\lambda} \qquad\qquad (6\text{-}16)$$

（6）预分道次延伸系数（或道次加工率）。道次延伸系数的大小与拉伸方法、金属和合金的性质（如塑性、黏着性、硬化速度、原始组织、表面状态等）、拉伸润滑的效果、拉模的材质和几何形状、坯料和成品的尺寸与几何形状等因素有关，这都是在分配道次延伸系数时应予以考虑的。一般有两种分配方法：

方法 1：适用于铜、镍和白铜及某些青铜一类塑性好、冷硬慢的材料，对这些金属和合金，可充分利用其较好的塑性采用中间拉伸道次较大的延伸系数。由于坯料的尺寸偏差较大、退火后表面质量较差、焊接处强度较低等原因，最后一道次延伸系数较小有利于精确地控制成品的尺寸偏差。但对拉伸细线时，一般由于模具与拉伸中心线不能很好地统一，线材拉伸后会产生弯曲，细线的盘圆容易形成"8"字形，所以仍采用适当大一些的延伸系数。

方法 2：适合于黄铜、铅黄铜、锡黄铜及某些青铜、白铜、镍合金等合金，这些合金冷硬速率快，稍加冷变形，强度就急剧上升，使继续拉伸难以进行。因此这类合金必须在退火后的前几道冷加工中，尽可能采用大的变形程度，随后逐渐减小。

一般中间道次的延伸系数应在 1.2 ~ 1.55 之间，而最后一道次的延伸系数大约在 1.05 ~ 1.15 之间。

（7）计算拉伸力并校核各道次的安全系数。计算的结果，如果安全系数过大，说明金属和合金的塑性未能充分利用，配模过多，生产效率低。如果安全系数过小，则会引起断头、断线等，使拉伸过程难以实现，最终导致辅助时间加长，生产效率低，废品增加。遇到上述情况必须进行重新分配，计算和修正，直至合理为止。

各种不同金属和合金的道次延伸系数列于表 6-14 中，以供参考。

表 6-14　拉伸不同合金的道次延伸系数

线材规格/mm	紫　铜	黄　铜	青　铜	铜镍合金	纯　镍	镍合金
6.0 ~ 4.5	1.33 ~ 1.50	1.30 ~ 1.45	1.26 ~ 1.40	1.20 ~ 1.30	1.20 ~ 1.30	1.20 ~ 1.30
<4.5 ~ 1.0	1.33 ~ 1.50	1.30 ~ 1.45	1.26 ~ 1.40	1.20 ~ 1.30	1.20 ~ 1.30	1.20 ~ 1.30
<1.0 ~ 0.4	1.26 ~ 1.40	1.16 ~ 1.24	1.16 ~ 1.24	1.16 ~ 1.24	1.16 ~ 1.24	1.16 ~ 1.24
<0.4 ~ 0.1	1.20 ~ 1.30	1.13 ~ 1.20	1.13 ~ 1.20	1.13 ~ 1.20	1.13 ~ 1.20	1.13 ~ 1.20
<0.1 ~ 0.01	1.1 ~ 1.15	1.08 ~ 1.12	1.08 ~ 1.12	1.08 ~ 1.12	1.08 ~ 1.12	1.08 ~ 1.12

随着现代技术水平的大大提高，新型的设备、工艺的不断涌现，有些企业在线材生产时，中间各道次延伸系数已超出表 6-14 中给出的范围。

6.5.3 线材连续拉伸的配模

6.5.3.1 圆线材拉伸配模

圆线材拉伸配模设计一般有如下几种情况：

（1）已经给出了成品尺寸和坯料尺寸，要求计算各道次的模子直径。

（2）给定成品尺寸，并要求成品线材有一定的力学性能或其他性能，求坯料尺寸。

（3）只要求成品尺寸。

对于（1）和（2）的情况，可按拉伸配模设计步骤进行配模设计，对于最后一种情况（包括简单断面的型材，如六角、矩形等线材），在保证制品表面质量和充分利用金属塑性、设备能力允许的条件下，应把线坯尺寸选得大些。

对于拉制铜、镍及其合金线材，延伸系数可参考表6-14的数据。

关于圆线（包括如扁线、方线、六角线等）的多次拉伸配模，由于受到金属或合金的塑性、用户（或标准）对产品的各项要求及设备的能力限制之外，还需考虑被拉伸的线材与绞盘的速度关系。

圆线配模计算：

（1）按式(6-12)~式(6-14)确定拉伸道次 n。

（2）根据拉伸机各绞盘速比计算总速比 Y_Σ。

$$Y_\Sigma = v_n/v_1 = Y_1, Y_2, \cdots, Y_{n-1}, Y_n \tag{6-17}$$

式中　　　　　　　Y_Σ——总速比；

v_n——第 n 道绞盘圆周上线速度；

v_1——第 1 道绞盘圆周上线速度；

$Y_1, Y_2, \cdots, Y_{n-1}, Y_n$——相邻两绞盘的速比。

（3）计算总的相对前滑系数 τ_Σ。

$$\tau_\Sigma = (\lambda_\Sigma/\lambda_1)/Y_\Sigma \tag{6-18}$$

式中　λ_1——第 1 道的延伸系数。

（4）计算平均前滑系数 τ。

$$\tau = \sqrt[n-1]{\tau_\Sigma} \tag{6-19}$$

根据 τ 值的大小，按照各道次延伸系数分配原则分配 τ_1 到 τ_n 的值，并计算 λ_1 到 λ_n 的值。分配结果应满足：

1）τ_1 到 τ_n 的乘积等于 τ_Σ；

2）λ_1 到 λ_n 的乘积等于 λ_Σ。

（5）根据 λ_1 到 λ_n 的值，从成品直径开始，逐道次往前计算各道次线径大小，

$$d_{n-1} = d_n\sqrt{\lambda_n} \tag{6-20}$$

以上配模计算结果，进行尾数调整，上机试用，如拉伸过程正常，质量合格，则可定为正式生产工艺。

AWG美国线规配模，每个线规尺寸为一个模子的尺寸，延伸系数如表6-15所示。

表 6-15   AWG 美国线规配模的延伸系数

线　号	线径/mm	延伸系数	使用范围	线　号	线径/mm	延伸系数	使用范围
0	8.2525	1.2~1.5		23	0.5733	1.2644	
1	7.3481	1.2~1.5		24	0.5106	1.2531	
2	6.5437	1.2610		25	0.4547	1.2609	
3	5.8273	1.2610		26	0.4049	1.2674	
4	5.1894	1.2610		27	0.3606	1.2538	
5	4.6231	1.2610	大　拉	28	0.3211	1.2701	
6	4.1154	1.2610		29	0.2860	1.2656	
7	3.6648	1.2610		30	0.2546	1.2544	
8	3.2636	1.2610		31	0.2268	1.2625	
9	2.9064	1.2519		32	0.2019	1.2533	
10	2.5882	1.2604		33	0.1798	1.2898	
11	2.3048	1.2622		34	0.1601	1.2346	小　拉
12	2.0525	1.2601		35	0.1426	1.2346	
13	1.8276	1.2629		36	0.1270	1.2656	
14	1.6277	1.2621		37	0.1131	1.2544	
15	1.4500	1.2607		38	0.1007	1.2943	
16	1.2909	1.2290	中　拉	39	0.0897	1.2728	
17	1.1500	1.2631		40	0.0799	1.2416	
18	1.0237	1.2580		41	0.0711	1.2747	
19	0.9116	1.2672		42	0.0633	1.2258	
20	0.8118	1.2595		43	0.0564	1.2645	
21	0.7229	1.2617		44	0.0502	1.2810	
22	0.6438	1.2601		45	0.0447	1.2503	

6.5.3.2 扁线的拉伸配模

制造扁线有三种方法。一是用圆铜线坯经过数道拉制而成；二是用圆铜线坯经过一道或数道冷轧，再经过二道或数道拉制而成；三是用扁线坯经过数道拉制而成。

扁线生产通常在滑动式拉伸机上拉制，或经轧扁机轧制后再拉制，或在轧拉连续生产线上进行。扁线配模是确定拉拔或轧制的道次和道次尺寸。

（1）扁线拉伸配模。扁线拉伸时各道次的尺寸，也是按各道次的变形程度来确定的。配模可根据标准的等比数列来进行，如：0.80、0.86、0.93、1.00、1.08、1.16、1.25、1.35、1.45、1.56、1.68、1.81、1.95、2.10、2.26、2.44、2.63、2.83、3.05、3.28、3.53、3.80、4.10、4.40、4.70、5.50、5.90、6.40、6.90、7.40、8.00、8.60、9.30、10.00、11.60、12.50、13.50、14.50。它们的公比为 1.08。配模时，一般扁线宽度小于5.10 的配模尺寸在此数列里变化；宽度大于 5.10 的配模，为保证成品线材的表面质量，一般出线模前的一道次模，可另选择不在公比数列里的尺寸。

如果逐渐变化，如 3.8×4.4/3.53×4.4/3.28×4.4/3.05×4.4···，这时道次的延伸系数等于公比 1.08，即 $\lambda = 1.08$。如果变化二级，如 3.8×4.4/3.28×4.4/2.83×4.4/2.44×4.4···，这时道次延伸系数等于公比的平方，即 $\lambda = 1.08^2 = 1.17$。如果变化三级，如 3.8×4.4/3.05×4.4/2.44×4.4/1.9×4.4···，这时道次的延伸系数等于公比的立方，即 $\lambda = 1.08^3 = 1.26$，依次类推。

配模时根据要求的道次变形程度，决定在宽度和厚度上的变化级数。因为用的是圆铜线坯，考虑到厚度方向上的变化应大于宽度方向上的变化，所以在厚度方向的级数变化应大于宽度方向的系数变化。当宽厚比接近 1 时，转入圆线坯。从而确定出圆线坯的尺寸，把这些数据组成的套模上机试用，并在实际中修整完善。

宽度较大的扁线，其成品模前的道次模可选择特殊尺寸配合，以保证拉制成品表面中间不产生皱缩纹。

（2）轧制扁线的轧制道次及尺寸的确定，这种计算方法适用于由铜线坯经一道轧扁后再经一道拉制的方法生产扁线。轧制的扁线坯的尺寸应满足最后成品的质量要求和已确定的最后道次变形程度，即最后道次的变形程度参照前面扁线的拉伸配模。当最后拉制前扁线坯的尺寸确定以后，按以下公式计算轧扁铜线坯的直径。

$$D = a + (1/1.5 \sim 1/1.8)(b - a) \tag{6-21}$$

式中　　　　D——轧扁前线坯的直径，mm；

　　　　　　a——轧扁后扁线的厚度，mm；

　　　　　　b——轧扁后扁线的宽度，mm；

1/1.5 ~ 1/1.8——系数变化范围。

由于受轧辊表面粗糙度、轧辊直径、轧扁量、材料硬度的差别等多种因素的影响，宽展量都会发生变化，因而 1/1.5 ~ 1/1.8 这个系数的选取应根据实际情况进行调整。不同设备的生产情况有所不同，重要的是理论结合实际。

6.5.3.3　异型线拉伸配模

拉伸法可以生产许多异型线材，如三角形、椭圆形、矩形、水滴形、梯形以及一些非对称断面的型线等。

与轧制和挤压一样，型线拉伸的主要问题是不均匀变形，因此设计型线拉伸模的关键在于正确地选择原始坯料的断面形状，使之与成品型线断面形状相似或接近相似，则拉伸过程就会很顺利地进行，制品的不均匀变形程度也会减小。

一般供型线拉伸的线坯是由挤压、型材轧制和卧式连铸生产的。

常用的挤压机虽然可以获得与成品型线相似的断面，但若得到断面积很小而长度很长的坯料是困难的。用型轧法和卧式连铸法可以得到面积较小、长度很长的型线坯料，但只能生产出断面形状简单的品种，如矩形母线、梯形铜排等型线坯。因此一般型线生产的坯料大部分是以圆线坯或矩形线坯供应的，采用圆线坯或矩形线坯的优点是生产容易、成品率高，但是，此时的型线与坯料失去了相似性，金属的不均匀变形会更加突出，为了使拉伸顺利进行、尽量减少不均匀变形，在选择坯料和设计型模时还应注意以下几点：

（1）由于实现拉伸变形的条件首先是拉伸力，坯料的断面积在被拉伸变形过程中，即使在某一方向受到很大的压缩，其余方向也不会有尺寸增加，因此成品型线的外形必须包容在坯料外形之中，例如，不可能用一个直径小于椭圆长轴的圆形坯料拉制出此椭圆形断面的型线，如图6-3所示。

（2）为了使金属变形趋于均匀，坯料的各部分应尽可能地受到相等的延伸变形（图6-4a），或者保持断面的各部分在变形前后面积的比相等（图6-4b），即 $ABCD/abcd = EFGH/efgh$。

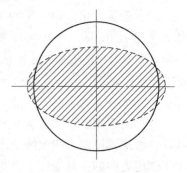

图6-3　不正确的型坯选择

在生产某些扁而宽的型线，矩形、梯形线材时，往往只对其中的某一对平面的精度和光洁程度要求高，在此种情况下，则要对要求精度和光洁程度高的面给予较大的变形。

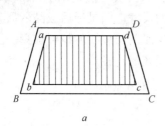

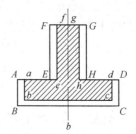

图6-4　型线的配模设计

a—梯形；b—倒T形

（3）型线拉伸时，要求坯料与模孔各部分能同时接触，不然由于未被压缩部分（即未与模壁接触的部分）的强迫延伸，会引起成品形状、尺寸的不精确，例如在用圆形坯料拉制六角形线时，由于模孔棱角部分较平面后接触，造成角部的材料强迫延伸，其结果导致成品棱角变圆。为了使坯料进模孔后能同时变形，各部分的模角是不应一样的，模角一般不宜过大，一般 α 不大于7°。

（4）对带有锐角的型线，只能在拉伸过程中逐渐减小到所要求的角度，不允许中间道次中带有锐角，更不得由锐角转变成钝角。这是因为拉伸型线时，特别是复杂断面的型线，一般在两次退火间的拉伸道次较多，而延伸系数不大，在此情况下，将导致金属塑性降低，在模角处应力集中而出现裂纹。

对于用简单断面的坯料拉制断面较为复杂的型线时，在必须遵守上述原则的同时，多数还要采用"图解设计法"进行型线配模设计。

现将"图解设计法"的设计步骤举例介绍如下：

1）首先根据已确定好的坯料和成品尺寸及各道次平均延伸系数，计算总延伸系数和拉伸道次数，道次平均延伸系数的值应比同合金牌号、相等成品断面积的圆线材的道次平均延伸系数小些。

2）分配道次加工率：道次加工率的分配原则可按拉伸配模步骤6.5.2的（6）进行。

3）将坯料和成品断面积相应地折算成面积相等的圆形，并以10～20倍或更大的倍数将此二圆作成同心圆，如图6-5a中之圆 A 和 F，然后在此二同心圆间做与中间拉伸道次的坯料断面积相等的其他同心圆，如图 6-5a 中的 B、C、D、E 圆，此时各相邻同心圆的面积之比等于相应道次的延伸系数。

4）将坯料和成品断面积的形状也放大同样的倍数，然后将成品的圆形置于坯料的圆形之内，且使二者的重心重合，如图 6-5b 所示。

5）在图 6-5b 中的坯料与成品形状轮廓线 A′ 和 F′ 之间，画出金属质点的假想流线，这些流线是和坯料及成品轮廓线相垂直的，而且其长度是最短的曲线。画假想流线的办法是：对成品外形曲线的曲率中心在成品内部，如图 6-5b 中的 M、N 部分，要使各流线向外分开；反之，应使各流线靠拢，如图 6-5b 中的 P、Q 部分。在成品外形上曲率大的部分，流线应画得密些。

6）按图 6-5a 中各中间圆将最大和最小同心圆之间的半径所分割的各段长度的比例，相应地将图 6-5b 中的各流线进行分割。

7）将各流线上相应的分割点圆滑连接起来，便得到相应各道次拉伸后的断面形状。如图 6-5b 中的 B′、C′、D′、E′ 等，如果曲率较大的部分流线相距较远，可以引辅助流线。

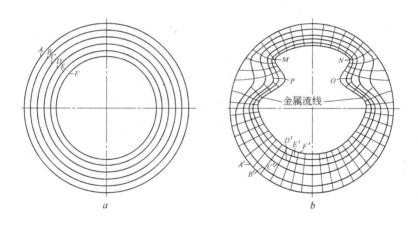

图6-5 异型线材道次配模图

a—各道次中间坯料等积同心圆；b—道次形状

上述假想金属流动线，在型线配模中画出 40~70 条，成品型线断面越复杂，画出的线越多，以便使配模更加精确。

8）对所得各道次的断面形状进行局部修改，尽可能做到各道次的不均匀变形最小。良好的设计应表现为金属流线平滑，且尽可能短，在平面上均匀分布，特别要注意使金属流线与每道次的外形轮廓线相垂直。

金属流线如果不垂直于轮廓线，或过密都说明该设计将造成变形功消耗大，金属受力不均严重，将导致不均匀变形。

9）按上述方法描得的形状所决定的各道次延伸系数与开始计算的延伸系数可能很不一致，所以应复算各道次的延伸系数，以便最后确定各道次的形状和尺寸。复算延伸系数的方法有两种：一种是将每道次的形状尺寸分别画到厚度均匀一致的厚纸板或软金属板上，然后剪下，在精密天平上称其质量，则各道次的延伸系数为：

$$\lambda_n = G_{n-1}/G_n \tag{6-22}$$

式中　G_{n-1}——第 $n-1$ 道次的纸板质量，g；

　　　G_n——第 n 道次的纸板质量，g；

　　　λ_n——第 n 道次的延伸系数。

　　另一种方法是将各道次的形状尺寸画到方格纸上，数出各道次所占的方格数，则各道次的延伸系数为：

$$\lambda_n = M_{n-1}/M_n \tag{6-23}$$

式中　M_{n-1}——第 $n-1$ 道次的方格数；

　　　M_n——第 n 道次的方格数。

　　每个小方格的面积愈小，所测得的面积愈准确，计算得的道次延伸系数愈准确。此外，还用面积测定仪测定各道次的面积，然后计算延伸系数。

6.5.3.4　多模拉伸机的配模

　　对于单模拉伸来说，配模要求并不十分严格，主要是考虑充分利用金属和合金的塑性，以保证产品质量和拉伸安全系数的要求。在满足上述几点的情况下，应尽量采用大的加工率以提高生产效率。

　　对于多模拉伸机的配模来说，与单模拉伸配模基本上是一致的，方法和步骤也基本相同，所不同的是要考虑线材和绞盘的速度关系。

　　多模拉伸配模有两种情况，第一是非滑动多模拉伸配模；第二是滑动式多模拉伸配模。后者要求比较严格，受一定的滑动率的限制。

6.6　线材连续拉伸的辅助技术

6.6.1　放线装置

　　（1）成圈放线。这种方式，每放出一圈线，线材就受一次扭转，因此不适用于成型线材。放线架高度一般在 2～2.5m。线缆行业的大拉机广泛采用成圈放线。

　　（2）线架放线。将成圈的线坯放在特制的线架上，靠拉线时的拉力使线架转动放线。在高速拉伸时，为防止拉伸机停机后由于惯性转动而造成线圈松落乱线和扭结，可加装制动装置。用扁坯拉制扁线的拉伸机一般采用此放线装置。

　　（3）线盘放线。将拉拔的线材缠绕在线盘上放线，它可以避免因运输等原因使线材紊乱造成放线困难。这种放线方式也存在惯性转动造成乱线，为此可采用在放线盘轴上加装张力控制装置。

　　（4）越端放线。将特制的曲柄放在放线盘的孔上，靠线的运动来带动曲柄旋转放线。这种放线方式，线材所受张力较小，停机时惯性也较小，适用于细线放线。

6.6.2　制头与穿模

　　线径较大的坯料一般用孔型碾（轧）头机制作，也可用电阻加热原理将线坯加热拉伸出细颈的方法制头。穿模机类似一个单模拉线机，鼓轮与转轴间有一个锥度，起离合作用，将线材从模孔中拉出所需的长度。小拉、微拉的穿模，基本采用人工方法：用工具将铜线一端头锉细，穿过线模，用钳子夹住，用力拉出所需的长度。

6.6.3 收排线装置

（1）鼓轮收线。将拉制的线材直接收绕在拉伸收线机的鼓轮上，用专用的吊钩取下，捆扎而成。

（2）叠绕式成圈收线。将拉伸后的线材卷绕在特制的收线盘上，待线收满后可脱卸盘盖，取下成圈线材捆扎而成。这种装置一般适用于拉制大、中规格的圆线和扁线。

（3）立式连续自动收线。经过拉伸后的线材通过收线的回转导轮将线材绕在圆筒上，然后连续自动落至专用的收线架上。这种收线装置容量大，可装 1000kg 的线材，适用于工序间周转，避免在运输过程中造成乱线。

将拉制的线材收绕在线盘上。它有单盘间隙式和双盘连续式两种。单盘式收线是每一盘绕满后都要停机换空盘。双盘收线当一只盘绕满后，线材自动绕到另一只空盘上，自动切换线材，并卸下满盘换上空盘，因此换盘不需要停机，提高了生产效率。

（4）排线装置。为了使线材在线盘上收线整齐，要有排线装置。拉伸机最常用的有凸轮排线和皮带排线。

凸轮式排线通常采用"工"字形收线盘。通过调节螺杆可以改变排线宽度；调整凸轮转速可改变排线节距的大小；调节排线轮在导向的位置可改变排线的位置。

皮带排线的工作过程是电动机通过皮带轮带动皮带运转，由于电磁铁的吸力作用，夹紧元件在皮带轮一侧夹紧，皮带就带动排线导轮移动，当达到限定位置时，电磁铁释放，另一电磁铁工作，夹紧元件又在皮带轮一侧夹紧，于是排线导轮又以相反方向移动。这样反复运动完成接线。

6.7 拉伸润滑

在重有色金属及合金线的拉伸中，润滑很重要，在整个拉伸过程中，没有润滑，拉伸是无法进行的。首先无润滑，在拉伸模壁与金属之间形成干摩擦，造成金属与模壁粘接，使拉伸力过大，致使断线现象不断发生，即使采用很小的加工率，这种断线也是难免的；其次由于模壁粘金属，使线材表面严重破坏，无法拉出高质量线材，同时模子也因磨损严重而报废。由于摩擦力的成倍增加，能量消耗也十分大，因此在任何条件下，拉制重有色金属及合金线材，润滑都是必要的工艺条件。

6.7.1 润滑的作用及常用润滑剂

拉伸润滑剂主要有以下作用：

（1）润滑剂在拉伸时能够在拉模和被拉金属之间形成一层能承受高压而不被破坏的薄膜，使模壁与金属之间成液膜润滑，大大降低变形区和定径区的摩擦力。

（2）使线材表面获得良好的光洁程度。

（3）冷却作用，带走因金属变形和摩擦而产生的热量，延长模子的使用寿命。

重有色金属及合金所用的拉伸润滑剂如表 6-16 所示，供参考。

表 6-16　常用的润滑剂

组织状态	成　分	优　点	缺　点	使用范围
乳液状	皂片 + 水	方便、使用广泛、容易取得，冷却好	润滑性能不太好	多次中、细拉伸、成品拉伸
乳液状	肥皂 1.3% + 机油 4.0% + 水	冷却性能好，便宜、使用广泛	润滑性能不好，使用温度不应超过 70℃	多次拉伸各种金属材料
乳液状	肥皂 1% + 机油 3.0% + 水	冷却性能好，便宜、使用广泛	润滑性能不好，使用温度不应超过 70℃	多次拉伸各种金属材料
液体状	机油	具有中等润滑和冷却性能	脏，使用时间短	单次拉伸各种金属材料
乳液状	三乙醇氨 4.5% + 肥皂 4% + 油酸 7.5% + 煤油 44% + 水	比较便宜，表面光亮	需专门配置	紫、黄、青铜及铜镍合金
液体状	菜子油、豆油	表面光亮，润滑性能好	不易得	黄铜类
半液体状	石墨 10% + 硫黄 + 余量机油	润滑性能好	冷却差，线材表面脏	镍及镍合金，铍青铜
半液体状	洗衣粉 2% + 水胶 3% + 石墨乳液 35% + 水	加工率大，表面光亮	脏	热电偶
半液体状	胶体石墨	耐高温	脏	钨、钼等高温拉伸
固体粉末	肥皂粉	便宜	冷却性能差	镍及镍合金
固体粉末	二硫化钼 3% ~5% + 肥皂粉	效果好，使用时间长	表面容易出沟道	铜镍合金及镍合金
固体粉末	十二硫黄酸钠 100%	效果好	价格贵、脏	镍铬合金
固体薄膜状	镀铜	牢固、可靠	不经济	镍及镍合金

6.7.2　对润滑剂的要求

为了保证拉伸效果良好，产品质量高，生产经济、节约，因此要求润滑剂必须有优良的润滑效果，使拉伸容易进行。润滑剂的化学稳定性要好，在长期使用和存放中不变质、不分层、不与金属及模子起不良反应，不形成妨碍润滑剂进入模孔的凝固性结块。退火时，不因高温与金属起反应而产生损害金属表面和酸洗不净的残留物。在真空或保护性气体退火时能全部挥发，且不沾污金属表面。对人体应无害，且来源广泛，价格低廉，使用安全。

6.7.3　润滑的方法

通常采用的润滑方法（如喷射法、浸渍法、随线代入法等），润滑膜较薄，因此未脱离边界润滑的范围，摩擦力仍然较大。现在拉线生产中出现了强制润滑的方法，可使材料和拉伸模表面之间的润滑膜增厚，实现流体润滑，从而达到减小摩擦力和增加拉伸模使用寿命的目的。对于单模强制润滑，采用带增压管的形式，如图 6-6 所示，强制润滑的管子与线坯之间具有狭窄的间隙，借助于运动着的坯料和润滑剂的黏性，使拉伸模入口处的润滑剂压力增高，从而增加润滑膜的厚度，达到强制润滑的目的。

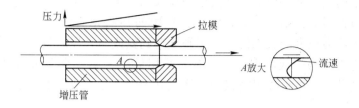

图6-6 单模强制润滑示意图

双模强制润滑方法在线材生产中也有应用，尤其是生产难以拉伸的合金线材时，效果更是明显。图6-7是带增压模的双模强制润滑示意图。增压模直径比被拉伸线坯直径稍小，随着线坯的运动，润滑剂被带入两模之间的腔体，使其压力增高而达到强制润滑的目的。

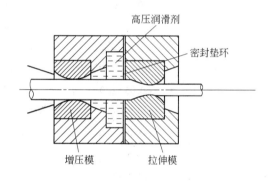

图6-7 双模强制润滑示意图

6.8 热处理

在线材拉伸变形的过程中，绝大多数金属或合金产生加工硬化，使线材的继续拉伸难以进行。某些连铸线坯、金属或合金的内部组织不佳（如偏析等），使拉伸生产不能进行。另外，为了获得标准规定或用户要求的各项性能，消除或减小由于拉伸形成的线材内部的残余应力等，都必须采用不同的热处理方法来完成。

线材的热处理按目的的不同可以分为以下几种。

6.8.1 成品退火

成品退火的目的是为了获得软状态制品和用温度控制性能的某些半硬制品的各项性能达到标准或用户提出的要求，消除以加工率控制性能的半硬制品的内应力。去应力退火通常采用再结晶温度以下进行，退火后的成品仍保持原有的力学性能。

在成品退火时，对某些易于氧化并造成线材表面污染的金属或合金，需要进行真空退火或抽真空后再充入保护性气体的退火。为了使线材退火后的性能均匀，在充保护性气体退火的情况下，利用强大的风机强迫气体对流导热，使退火温度均匀，这样退火的成品性能均匀、成品率高，时间也可以缩短。

　　成品退火的另一个目的是消除或尽量减小线材的内应力,对某些金属或合金来讲,消除或尽量减小内应力是必要的,如黄铜硬线或以加工率控制性能的半硬线,其他如一些青铜、含锌白铜线等,如不退火,将在大气中的某些介质作用下产生严重裂纹或断裂。不经消除内应力退火的黄铜硬线、半硬线遇到氨或汞介质时就会产生严重裂纹。这种以消除内应力为目的的成品退火,通常是采用低于金属或合金再结晶温度进行的退火,退火后的制品,仍然可以保持或稍许降低其力学性能。成品退火的工艺参数列于表6-17中。

表 6-17　成品退火工艺参数

牌　号	状　态	成品规格/mm	退火温度/℃	保温时间/min
T2、TU1、TU2、TUP、TUMn	软	$\phi 0.1 \sim 0.3$	$340 \sim 360$	$180 \sim 210$
		$> \phi 0.3 \sim 2.5$	$340 \sim 360$	
		$> \phi 2.5 \sim 6.0$	$360 \sim 370$	
H96	软	$\phi 0.1 \sim 6.0$	$390 \sim 410$	$110 \sim 130$
H90、H80、H70	硬	$\phi 0.1 \sim 6.0$	$160 \sim 180$	$90 \sim 100$
	软		$390 \sim 410$	$110 \sim 130$
H62	硬	$\phi 0.05 \sim 6.0$	$200 \sim 240$	$100 \sim 120$
	半硬	$\phi 0.05 \sim 6.0$	$200 \sim 240$	$100 \sim 120$
	半硬	$\phi 0.5 \sim 1.5$	$260 \sim 280$	$80 \sim 90$
H68	硬	$\phi 0.05 \sim 6.0$	$200 \sim 260$	$120 \sim 150$
	半硬	$\phi 0.5 \sim 6.0$	$200 \sim 240$	$120 \sim 150$
	半硬	$\phi 1.5 \sim 6.0$	$350 \sim 370$	$90 \sim 100$
	软	$\phi 0.05 \sim 1.5$	$410 \sim 430$	$90 \sim 100$
	软	$> \phi 1.5 \sim 6.0$	$430 \sim 450$	$90 \sim 100$
HPb59-1	硬	$\phi 0.5 \sim 6.0$	$180 \sim 220$	$100 \sim 120$
	半硬		$180 \sim 220$	$100 \sim 120$
	软		$340 \sim 360$	$90 \sim 100$
HPb63-3	硬	$\phi 0.5 \sim 6.0$	$200 \sim 220$	$100 \sim 120$
	半硬		$200 \sim 220$	$100 \sim 120$
	软		$390 \sim 410$	$90 \sim 100$
QBe1.7、QBe1.9、QBe2.0、QBe2.15、QBe2.5	硬	$\phi 0.03 \sim 6.0$	315 ± 15	60
	半硬			120
	软			180
BZn15-20	硬	$\phi 0.1 \sim 6.0$	$280 \sim 340$	$90 \sim 100$
	半硬		$280 \sim 340$	$90 \sim 100$
	软		$600 \sim 620$	$110 \sim 140$
BMn40-1.5	软	$\phi 0.05 \sim 6.0$	$680 \sim 730$	$110 \sim 140$
B30、B19	软	$\phi 0.1 \sim 6.0$	$500 \sim 600$	$70 \sim 80$
NCu28-2.5-1.5、NCu40-2-1	软	$\phi 0.5 \sim 6.0$	$680 \sim 700$	$110 \sim 140$

退火工序还应注意以下几个问题：

（1）退火温度是指料温，保温时间指料温达到规定退火温度后应保持的时间。

（2）真空退火的紫铜类线材冷却到常温才能开启炉胆出炉，黄铜要冷却到100℃以下才可出炉。

在条件允许的情况下，H68、H62黄铜最好使用抽真空后充入纯氮或25%的氢和75%的氮的混合气体，进行保护退火。装料前可在真空炉胆内温度最高的底部放适量的锌块，每吨料放400g左右。

（3）铅黄铜、铝黄铜在250～350℃时搬动，易脆断，应予以注意。

（4）拉伸后的黄铜线材应在20h内退火，不然容易产生裂纹。

（5）有些青铜，如QSi3-1、QSn6.5-0.1等或某些白铜硬线最好能增加低温退火消除内应力，以防止裂纹。

6.8.2 中间退火

中间退火的目的是为了消除在冷拉变形时产生的加工硬化，使线材恢复其再结晶的组织，使金属软化恢复塑性，以利于再拉伸的顺利进行。大部分金属和合金需要在加工硬化后进行中间退火，这种退火的温度是在再结晶温度以上进行。退火温度的选择主要根据合金成分的不同，而加工率的大小对其也有一定的影响。有些金属和合金在施行这种退火时，还应注意控制晶粒度，因为这对产品的加工性能有利。图6-8为T2、H65、HPb63-3、QSn6.5-0.1、BZn15-20合金线坯经50%左右的加工率后，在不同温度下保温60min后的软化曲线。

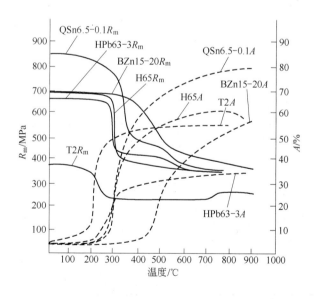

图6-8 不同合金线坯经不同温度退火后的软化曲线

（加工率约50%；保温60min）

中间退火的工艺参数如表6-18所示。

在退火时，为了使金属或合金线的温度尽量达到均匀一致，当温度升到规定的温度后，应该保持一段时间，保温时间的长短要根据每炉装料量的多少、线材规格的大小、传热程度的难易等因素来确定，成品退火时间长短的确定与此相同。

表 6-18　中间退火工艺参数

牌　号	规格/mm	退火温度/℃	保温时间/min	备　注
T2、TU1、TU2、TUP、TUMn	<φ3.5 ≥φ3.5	530~570 560~600	60~90	
H96、H90、H80	<φ3.5 ≥φ3.5	560~620 600~640	70~90	
H70、H68	<φ3.5 ≥φ3.5	550~560		对成品前退火为：450~480℃，保温150~180min，以免晶粒过大
H62	<φ3.5 ≥φ3.5	580~600 600~620	90~120	
HPb59-1、HPb63-3	<φ3.5 ≥φ3.5	590~610 600~640	90~120	
QSn4-3、QSn6.5-0.1	<φ3.5 ≥φ3.5	570~600 590~630	90~120	
QSi3-1	<φ3.5 ≥φ3.5	650~700 700~750	70~80	
QBe1.7、QBe1.9、QBe2.0、QBe2.15、QBe2.5	<φ3.5 ≥φ3.5	760~780 780~790	30~45 25~30	此工艺是淬火工艺，其中保温时间应尽量缩短，退火工艺为550~560℃，保温时间4~5h，拉伸中，淬火和退火交替进行较好，淬火速度要快，最好不超过10s
BZn15-20	<φ3.5 ≥φ3.5	670~700 700~740	120~150	
BMn40-1.5	<φ3.5 ≥φ3.5	680~730 730~770	120~150	
B19	<φ3.5 ≥φ3.5	670~710 710~750	100~120	
B30	<φ3.5 ≥φ3.5	700~740 740~770	100~120	
NCu28-2.5-1.5、NCu40-2-1	<φ3.5 ≥φ3.5	790~820 820~850	120~150	该合金不易酸洗，保温时间应尽量短，如有条件最好真空充气退火

6.8.3　淬火和时效

少数合金，如铍青铜、钛青铜、铬锆镁青铜等，为了改善内部组织、提高制品的某些性能，则需淬火。淬火是使合金中的某些元素或化合物等由于温度的骤然下降，来不及从基体溶体中析出而保持高温时的溶解量。一般的淬火剂是冷水，为了提高此类合金的性能，在淬火后要给予一定量的加工率（也有不再拉伸的），然后在适当的温度下进行时效（保温一段时间），以保证溶解于基体金属中的那种元素（或化合物等）沿晶界有适当的析出，这样就可以得到具有良好性能的合金线材了。这类合金的特点是合金中作为溶质的元素（或化合物等），在高温下溶解在基体金属（溶剂）中的溶解量大，在低温下溶解量小，而且随着温度的降低不会分解并能很快析出。

6.8.4 均匀化处理

为了改变连铸线坯内部的组织和性能，以利于其后的拉伸生产，对某些连铸合金线坯要进行均匀化处理，使合金内部的结晶组织得到改善，铸造应力得以消除，偏析减少。

均匀化处理的温度，一般要高于该合金的中间退火温度，保温时间也比较长。例如，采用卧式连铸生产的 HPb59-1 铅黄铜线坯，需要在 710~760℃ 的温度下，保温 4~8h。

6.9 酸洗

热挤压、热轧或氧化退火后的线材，表面大多有一层氧化物，应在拉伸之前通过酸洗去掉，以利于以后的拉伸生产和保证线材表面质量。但也有些金属或合金不易酸洗，需要在酸洗前拉伸 1~2 道，使氧化皮碎裂之后再进行酸洗。如铍青铜，预先拉伸，破碎氧化皮后再酸洗即可得到光亮的合金表面。

酸洗工序由酸洗、中和、冷水洗、热水洗、烘干等几个步骤组成。

酸洗就是把带有氧化皮的金属或合金浸入具有一定化学成分和浓度的酸洗液中，让这些氧化物与酸洗液中的某些成分进行化学反应，借此去掉氧化物，生成盐类，脱离金属或合金母体，以达到线材表面清洁，便于拉伸的目的。为了从线材表面消除残酸及附着在其上的金属粉末，要用冷水冲洗，一般是采用高压冷水喷射刚酸洗完的线材。为了较彻底地除掉线材上的残酸，并使其很快干燥，保证拉伸前不变色，水洗后要把线材浸入 90~95℃ 的含有 1%~2% 肥皂水的溶液里中和，然后吊出，有时还需要通热风或用电炉烘干，再拉伸。

6.9.1 酸洗反应式

目前大多数铜加工企业使用的酸洗液配方为：硫酸、硝酸与水按一定比例配成的溶液，酸洗反应化学方程式如下：

$$CuO + H_2SO_4 \longrightarrow CuSO_4 + H_2O$$

$$4HNO_3 + H_2SO_4 + Cu_2O \longrightarrow CuSO_4 + Cu(NO_3)_2 + 2NO_2 + 3H_2O$$

$$Cu + 4HNO_3(浓) = Cu(NO_3)_2 + 2NO_2 \uparrow + 2H_2O$$

$$3Cu + 8HNO_3(稀) = 3Cu(NO_3)_2 + 2NO \uparrow + 4H_2O$$

优点是硝酸能够提高酸洗液与氧化层的反应速度，并与氧化亚铜、金属铜发生化学反应，提高线材表面光洁程度。缺点是反应强烈，酸洗时间稍长就会出现铜线过腐蚀现象，金属损耗大；另外在酸洗过程中产生大量带刺激味的二氧化氮气体，俗称"黄烟"，污染空气，影响人身体健康。

6.9.2　酸洗工艺参数

酸洗的工艺参数如表6-19所示。

表 6-19　酸洗工艺参数

牌　号	酸液成分和浓度/%	酸液温度	酸洗时间
T2、TU1、TU2、TUP、TUMn	12% ~ 18% H_2SO_4 + 水	常温	洗净氧化皮为止
H96、H90、H80、H70、H68、H65、H62、HPb63-3、HPb59-1	25% ~ 30% H_2SO_4 + 水	常温	洗净氧化皮为止
QSn4-3、QSn6.5-0.1、QSi3-1、QBe1.7、QBe1.9、QBe2.0、QBe2.15、QBe2.5、BZn15-20、B19、B30	16% ~ 22% H_2SO_4 + 水 12% ~ 16% HCl + 水	常温	洗净氧化皮为止
NCu28-2.5-1.5、NCu40-2-1、BMn40-1.5	12% ~ 16% HNO_3 + 水 6% ~ 8% H_2SO_4 + 水	常温	洗净氧化皮为止

酸洗紫铜的硫酸溶液中，铜含量超过50g/L时，应重新换酸。酸洗黄铜时，硫酸溶液中铜含量超过25g/L、锌含量超过50g/L，应重新更换酸液。当铜含量、锌含量不超过规定值，只是酸的浓度低时，可补充些新酸，酸浓度达到规定值后继续使用。

铍青铜在热处理后最好在含有20% ~ 25% 的苛性钠溶液中进行除油处理，时间10 ~ 15min，用水洗净，然后再进行酸洗，可得到光亮的合金表面。预先拉伸，破碎氧化皮后再酸洗也可得到同样的效果。

6.9.3　酸洗操作注意事项

（1）配酸液时，应先向酸洗槽内注入一定比例的水，然后再缓缓注入酸，顺序倒置将会引起爆炸灼伤人体。因为酸在水中溶解时，要产生大量的溶解热，硫酸的密度比水大，若把水倒入酸中，水浮于酸液之上，大量的溶解热会使水沸腾飞溅，甚至产生爆炸。将酸倒入水中，酸会渐渐下沉向水中溶解，不会产生上述现象。

（2）任何线材在退火后热状态下不得直接放入酸槽酸洗，必须冷却后方可放入酸槽酸洗。

（3）在酸槽内应将各类合金分开酸洗。酸洗线材要全部浸没于酸液内，既要酸洗干净，又不能过酸洗。洗后线材表面不得有氧化物，表面残酸要用水清洗干净。

（4）吊、扎酸洗线材不得使用钢丝绳。

复习思考题

1. 实现线材拉伸的基本条件是什么？
2. 线材拉断的主要原因有哪些？
3. 写出变形指数及其基本概念。
4. 写出线材拉伸的工艺流程。
5. 为保证线材产品质量，对线坯的质量有哪些要求？

6. 拉伸前线坯的准备工作有哪些？

7. 线材拉伸时，确定拉伸总加工率的主要原则是什么？

8. 线材拉伸配模的目的和拉伸配模原则是什么？

9. 写出拉伸配模步骤。

10. 简述线材拉伸润滑剂的作用及常用的润滑剂种类。

11. 线材成品退火的目的是什么，在工艺上有哪些具体要求？

12. 熟悉各牌号不同规格中间退火及成品退火的工艺要求。

13. 酸洗的目的是什么，酸洗操作时应注意哪些方面？

14. 指出不同牌号线材酸洗工艺参数。

7 线材拉伸制品质量控制及其废品

在重有色金属及合金线材生产中，废品的出现是难免的，如拉伸过程中尺寸形状发生了变化，引起了金属强度的提高而塑性的下降，产生了内应力等。总的来说，这些废品有的是可以避免的，有的则不可能避免，但能尽量减少。如果用真空或有保护性气体退火，可以减少氧化，这样就减少了烧损和避免了酸洗中的损失；减少了切头尾、碾头、扒皮的长度，可以减少几何损失。正确地制定工艺，尽量采用先进的工艺和设备，精心按工艺要求操作，减少工艺废品，对提高产量、降低生产成本有着十分重要的意义。

7.1 内部质量

制品的内部质量是首要的，因为它决定产品在一定条件下能否使用。同时，由于坯料内部质量的不合格，在拉伸过程中也往往影响成品的表面质量。

内部质量包括合金成分、化学性能和力学性能等，有些制品对晶粒度的大小也有要求。各种性能，不但要达到标准要求，还要尽可能地均匀。

7.2 外部质量

（1）制品的尺寸公差应符合标准要求，两端面应平齐，无毛刺。

（2）制品表面不应有裂纹、针孔、起皮、划沟和夹杂等缺陷。

（3）表面应光滑整洁，无严重氧化皮，尽可能呈现金属本色。

7.3 制品质量的控制

7.3.1 软制品质量的控制

软制品的性能和内部组织由再结晶以上温度的退火来控制。合理的退火温度和保温时间是软制品性能达到要求的保证。退火温度过高，保温时间过长，可能会造成制品晶粒粗大，性能不合要求；反之，退火温度过低，保温时间太短，制品不能充分再结晶，同样也达不到性能的要求。退火后的软制品强度低，容易变形。搬移时严防损伤制品。

7.3.2 半硬制品的质量控制

半硬制品性能的控制有以下两种方法：

（1）完全软化退火后，再进行一定加工率的拉伸，使制品在变形后的性能达到要求，并能获得较好的表面质量。为了消除半硬制品中的内应力，往往在成品拉伸后再进行低温退火。

（2）制品在拉伸到完全硬化直到所需要的尺寸以后，再进行不完全软化的退火。制品的性能由退火温度和保温时间来控制。

7.3.3 硬制品质量的控制

很多有色金属与合金（如铜和大部分的铜合金、纯铝等）属于热处理不强化的合金，即不能用淬火时效的方法提高它们的强度。这种合金的硬制品完全是通过拉伸产生加工硬化而得到。为了得到合格的性能，成品前拉伸的变形程度要足够大，其数值可根据生产经验或参考有关的硬化曲线来确定。成品要进行消除内应力的低温退火。

7.4 线材常见废品

线材常见废品的种类、特征、产生原因见表 7-1。

表 7-1 线材废品种类、特征及产生原因

废品种类	废品特征	废品产生原因
尺寸不正确	尺寸超差	模子磨损，用错了模子
椭圆	横断面各方向直径不等	模孔不圆，模子的中心线与绞盘的切线不一致
裂纹	表面有纵向或横向开裂现象	线材有裂纹或皮下气泡、夹杂物；拉伸加工率过大；退火温度过低或保温时间太长；线材椭圆度太大，变形不均；退火过热或过烧产生横裂，没有及时退火产生应力裂纹
拉痕	表面沿纵向局部或全长呈现拉道	酸洗不彻底，润滑剂质量不好或供应不足，模子抛光不好或粘金属，加工率过大
起刺	表面呈现局部纵向的尖而薄的飞刺	线坯表面有毛刺，内部有夹杂、气泡等缺陷，轧制和挤压线坯有裂纹、压折，拉伸后表现为毛刺；扒皮不净或扒皮。 模不锋利；模具裂；机械碰伤；线材与绞盘摩擦大；模子变形区短
折叠	线材断面存在金属分层现象	轧制线坯有折叠
断面不致密	横断面上有气孔、夹杂、缩尾等	线坯的缺陷，挤压、轧制造成的缺陷，铸造缺陷
表面腐蚀	表面局部出现腐蚀、生锈、颜色与金属本色不同，有的出现腐蚀凹坑	酸、碱、盐等腐蚀介质腐蚀表面造成
氧化色	线材表面失去光泽、发生氧化现象	退火时造成的氧化；酸水洗不彻底；变形量大，使料变热；线材放置时间过长
划伤	线材表面呈现沟状划痕	表面划沟太深；拉伸时润滑油刮料；润滑剂不清洁；绞盘表面不光和串线；模子光洁程度不够或粘有金属；绞盘挂链孔棱角刮料
"8"字形	线材从绞盘上取下呈现紊乱，扭成"8"字形	模子中心线与绞盘的切线不一致；线材弹性过大或绞盘直径过大；加工率过大；模子定径区太短；模子放偏
竹节	线材表面沿轴线方向出现竹节状环形痕，使线材直径粗细不均	加工率过大；拉伸机震动大；润滑不良；拉模角度大；拉模定径区不合适；拉模光洁程度差；提高了收线绞盘对牵引绞盘的速度；拉模粘有脏物

废品种类	废品特征	废品产生原因
起 皮	线材表面呈"毛刺"或"鱼鳞"状的翘起薄片	线材表面有缺陷，扒皮不净；锭坯皮下气孔，夹杂等经过加工后破裂
压 坑	线材表面呈现局部点状或块状凹陷	线材表面粘有金属或非金属痕或压入物脱落后造成；线材退火时装料过多或没有分层装料
麻 面	表面出现小麻坑，面粗糙，有时连成片	退火温度过高或时间过长；过酸洗；表面不光或加工率过小；线材晶粒粗大
过 热	指黄铜线材成品退火不合格，具有比正常情况下低的抗拉强度和伸长率	成品退火温度过高，时间过长，工艺制度不合理
黑斑点	退火后表面出现炭化物的痕迹	线材表面有润滑剂或脏物退火后留在表面上，成品退火时因阀门漏气，使真空泵油进入炉胆内，喷到线材上加热分解后，线材表面出现炭化物
紫铜氢脆（氢气病）	紫铜退火后，拉伸脆断	紫铜在氢气或含有氢气的还原性气氛中退火时，氢渗入铜中与氧化亚铜作用，产生水蒸气造成晶间破裂
黄铜脱锌	退火后表面出现白灰（氧化锌），经酸洗呈不同深度的麻面	退火温度过高，时间过长，锌大量挥发造成
水 迹	表面出现局部酸水洗痕迹	线材酸水洗不干净，线材未烘干
力学性能不合格	线材性能达不到标准要求	加工率不合适或没按合理加工率拉伸，退火温度不合适
力学性能不均	退火后，同一炉线材性能不一致	炉温不均或仪表不准，炉盖不严，保温性不好，料装得过多或没分层装料
打钉不合格	指铆钉线打钉时开裂	线坯扒皮不净，质量不好，加工率不合适
反复扭转或弯曲不合格	弯曲次数达不到规定值，扭转后开裂	线坯有压折缺陷，成品加工率过大，线材头尾切除过短，成品前退火温度不合适
缠绕不合格	指青铜在线材两倍直径的圆柱上绕 10 圈，有开裂现象	线坯有压折，成品加工率过大，线坯表面氧化皮没洗净，成品前退火不好，线材头尾切除过短
电气性能不合格	指作电气性能试验时，结果不合标准规定	线材化学成分不合格，加工率不适合

复习思考题

1. 简述半硬线材的质量控制方法。
2. 线材拉伸生产易出现哪些废品，怎样防止产生这些废品？

8 拉伸工具

线材拉伸的主要工具是拉模。它的结构、尺寸、表面质量和材质对线材拉伸制品的质量、拉伸力，模子寿命，能耗，生产效率等都有极大的影响，因此，正确地设计、加工制造模具和合理选择模具材料对拉伸生产是很重要的。

8.1 拉伸模的种类

广义上的线材拉伸模有以下三种形式，但通常都是指第三种。

8.1.1 扒皮模

为了去掉线坯表面缺陷，获得高质量表面的线材，要进行线坯扒皮。扒皮模是扒皮的主要工具，一般由模芯和模套组成。扒皮模的主要结构参数是切削刃角 α，不同合金，其扒皮模结构稍有不同。

扒皮模材质主要有：合金工具钢（$W_{18}Cr_4V$）、硬质合金、YG_8、YG_{15} 等。其中 $W_{18}Cr_4V$ 高速工具钢淬火后硬度可达 $60 \sim 80HRC$。

8.1.2 辊式模

其实质是无动力的轧机，前张力拖动工件向前运行，工件由拖动辊子旋转，辊子上的轧槽将工件轧细。在理论上辊式模拉线变滑动摩擦系数为滚动摩擦系数，可以节能。但实测结果表明并不多。其好处只是轧槽磨损小，寿命长；不利的是费用较高，体积与质量也大。在有色金属行业中更适合于拉扁线和异型线。辊式模的结构有两种：土耳其头和钳形辊式模。

8.1.3 拉线模

拉线模一般由模芯和模套组成。模芯常为硬质合金或钻石，模套为钢或黄铜，它对模芯起固定作用。

8.2 拉伸模的材料选择

（1）硬质合金——用于大量生产时大拉伸机的各种规格用拉伸模；

（2）钻石——用于生产细线的拉伸模；

（3）人造钻石——用于拉制中、小规格线材的拉伸模，也称聚晶模；

（4）钢——用于生产小批量或大截面的型线的拉伸模。

模芯用硬质合金材料的性能如表 8-1 所示。

表 8-1　模芯用硬质合金材料的性能

材　质	硬度 HRA（不小于）	抗弯强度(不小于)/MPa	密度/g·dm⁻³	用　途
YG₃X	896.7	1078	15.0~15.3	小于 ϕ2.0mm 线材
YG₆	877.1	1421	14.6~15.0	小于 ϕ20.0mm 线材
YG₈	872.2	1470	14.5~14.9	小于 ϕ50.0mm 线材
YG₈N	877.1	1470	14.5~14.9	用于钢材的拉制
YG₁₅	852.6	2058	13.9~14.2	用于钢材的拉制

8.2.1　硬质合金模的技术要求

（1）模孔各区内不允许有开裂、裂纹、砂眼和凹形存在。模孔内各区的连接部分应成圆弧形，不得有棱角存在。

（2）模孔内的工作区、定径区在修模后应抛光，其表面粗糙度 $Ra \leqslant 0.1\mu m$，润滑区和出口区的表面粗糙度 $Ra \leqslant 0.8\mu m$。

（3）模孔内不应有影响使用性能的缺陷。

8.2.2　钻石模和聚晶模的技术要求

（1）模孔各区域应光洁，不允许有棱角，各区的中心线应重合，并与钻石的端面垂直，模孔内无裂纹。

（2）定径区直径大于 0.20mm 的模具，出口处必须有明显的安全角。

（3）工作区、定径区及安全角处呈光亮、光滑表面。

（4）进口润滑区呈细麻砂的表面。

（5）钻石模应紧密牢固地镶嵌在模套内，模孔中心线与模套中心线重合，并垂直于模套的端面。

8.2.2.1　钻石模

天然钻石又称天然金刚石，是化学成分极纯的透明体，具有最大的硬度与耐磨性，但价格昂贵。天然钻石非常脆，密度为 $3.15 \sim 3.35 g/m^3$。钻粒质量一般在 0.02~0.12g。天然钻石有各种不同的色彩，以稍带黑色的硬度最高，其次是黄色，再其次是白色。细线生产中用的钻石以选用中间硬度较为有利。

天然钻石模由于结晶尺寸、异向性结构及对切割平面的依赖关系，其性能（硬度、耐磨性）的均一性较差，且有八面劈裂的趋势。天然钻石模理论孔径可达 +2.00mm，一般适用于小于 0.5mm 的孔径。

8.2.2.2　聚晶模（PCD）

人造钻石模又称聚晶模，于 20 世纪 70 年代开始使用。人造钻石与天然钻石一样，具有高硬度和耐磨性。有的性能已超过天然钻石。

聚晶模不存在天然钻石模的缺点，具有均匀的硬度和各向耐磨性，有很高的耐破裂性，磨损均匀而缓慢；聚晶模最适合拉伸有色金属线材的直径范围为 0.50~11.0mm，也可用于更大或更小的线径。

8.2.3　钢模

钢模常用的材料为 T_8A 和 $T_{10}A$ 碳素优质工具钢，经过热处理后硬度可达 58~65HRC。为了提高模具的耐磨性能和减小对金属的黏结，除进行热处理外，还要在模具表面镀铬，镀铬层厚度为 0.02~0.05mm。镀铬的模具可提高使用寿命 4~5 倍。

此外，还有用 Al_2O_3 和 MgO 粉末混合后烧结制得的刚玉陶瓷模。由于其硬度和抗磨性能高，可用来代替硬质合金。我国曾用其拉伸 0.37~2.1mm 的线材，效果良好。最大缺点是性质太脆，易碎裂，因此其使用范围受到了限制。

8.3　拉伸模的结构及参数

拉伸模的结构形状一般分为润滑区、变形区、定径区和出口区四个部分。拉伸模结构如图 8-1 所示，各部分的作用和尺寸的确定简述如下。

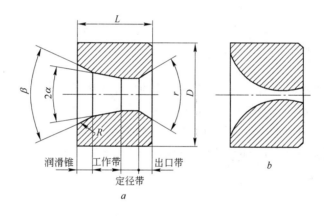

图 8-1　拉伸模结构图
a—锥形模；b—弧线形模

8.3.1　润滑锥

润滑锥也称润滑区、入口喇叭、润滑带，它的作用是在拉伸时便于润滑剂进入模孔，保证模孔得到充足的润滑，以减小摩擦和带走一部分热量，同时也避免坯料轴线和模孔轴线不重合时划伤金属。

润滑锥角度和长度的选择对线材拉伸十分重要，角度过大润滑剂不易储存，造成润滑效果不良；角度过小，使拉伸过程中的金属屑、粉末不易随润滑剂流掉而堆积在模孔中，导致制品表面划伤，出现拉道、断线、缩丝。对于线材拉伸模，润滑锥角 β 取 40°~45°，并且在入口处带有圆角 R，R 取 1.5~3.5mm，长度取 0.7~1.8 倍的制品直径。润滑锥的长度太短将削弱润滑能力，太长则容易隐藏润滑剂中的脏物破坏润滑效果。

8.3.2　工作带

工作带又称变形区、压缩区、变形锥，它的作用是使金属在此处进行塑性变形，以获得所需要的形状和尺寸。工作带的形状除锥形外还可以是弧线形的，也称为流线型的，如图 8-1b 所示。弧线形工作带对大加工率（如 45%）、小加工率（如 10%）都适合，在这两种情况下，都具有足够的接触面积。锥形工作带适合于大加工率，当采用小加工率时，金属和模子的接触面积不够大，从而使模孔很快磨损。从拉伸力的角度看，两者无明显差别。尽管弧线形工作带有上述优点，但它主要用于拉伸直径小于 1.0mm 的线材，因为在用振动的金属针磨光、抛光模孔时很容易得到此种形状。对于拉伸大、中直径的线材制品所用的模子，由于制成弧线形工作带困难，故多为锥形工作带。

工作带的锥角（又称模角）α 和工作带的长度是拉伸模的重要参数。α 角过小和工作带过长将使线坯和模壁的接触面积增大；α 角过大也不好，将使金属在变形区中的流线急骤转弯，因此附加剪切变形增大，继而导致拉伸力和非接触变形增加；另外，模角 α 越大，单位正压力也越大，润滑剂很容易从模孔中被挤出来，而使润滑条件恶化。实际上模角 α 值存在一个合理的区间，在此区间范围内拉伸时拉伸力最小。工作带太短，线材拉伸时其变形的一部分将不得不在润滑锥区域内进行，而润滑锥角度大，又将造成润滑恶化、拉伸力增加。

根据实验可知，在重有色金属及合金线材拉伸中，α 角合理区间为 6°~9°，此合理区间随着不同的条件而改变。例如增大加工率，合理模角增大；随着材料抗张强度的增加，合理模角将变小。

合理模角也与摩擦系数有关，随着后者的增加，合理模角增大，因此对不同的金属和合金，合理的模角也不同，一般软金属的摩擦系数较大，故合理模角值也大；硬金属摩擦系数小，所以合理模角值也小。模具材料本身对摩擦系数也有影响，对钻石模而言，合理的模角：铝一类低强度合金 $\alpha = 8°~12°$；紫铜 $\alpha = 6°~8°$；黄铜、青铜 $\alpha = 5°~6°$；钢 $\alpha = 3°~6°$。

8.3.3　定径带

定径带的作用是使制品进一步获得稳定精确的形状和尺寸。定径带的合理形状是柱形，对生产细线用的拉伸模，由于在加工时必须用带 0.5°~2° 锥度的磨针进行修磨，所以定径带也具有与此相同的锥度。

拉伸时选用模孔直径 d，应考虑制品的允许偏差和弹性变形，对同一规格的制品，拉制青铜线的模孔要比紫铜的小一些，而黄铜介于两者之间。

定径带长度的确定应保证模子耐磨、拉伸断线次数少和拉伸能耗低。金属制品由工作带进入定径带后，由于某些合金的弹性变形较大，定径带将受到一定的压力，因此在金属与定径带表面之间产生摩擦力，显然定径带长度增加，拉伸力也将增加，但这仅是在延伸系数不大的情况下才如此。当延伸系数较大时，由于拉伸应力增大，使金属在定径带中的直径逐渐变小而不与模壁接触，因此随着定径带长度的增加，拉伸力增加甚微；定径带过短，则将使模子定径带很快磨损，造成线材直径超差。

定径带的长度与制品直径和金属性质有关，制品直径大和材料强度高时，定径带长度应长些，反之应短些。

拉伸有色金属及合金线材时，模子定径带长度应取为：

当模孔直径小于 1.0mm 时，定径带长度为模孔直径的 0.85~1.0 倍。

当模孔直径为 1.0~2.0mm 时，定径带长度为模孔直径的 0.75 倍。

当模孔直径为 2.0~3.0mm 时，定径带长度为模孔直径的 0.6~0.7 倍。

当模孔直径大于 3.0mm 时，定径带长度为模孔直径的 0.4~0.5 倍。

8.3.4　出口带

出口带也称出口区、出口喇叭、出口锥。出口带的作用是防止金属出模孔时被划伤和模子出口端因受力而引起剥落。出口带一般为锥形，锥度为 $2\gamma = 60°$。拉制细线时，模子出口带为凹球面状；出口带长度根据规格、材料取模孔直径的 0.2~0.5 倍，一般可取 1~3mm。出口带与定径带交接处应研磨十分光滑，以防止制品通过定径带后由于弹性恢复或拉伸方向不正而刮伤线材表面，其他各带连接处也应以圆滑过渡。

8.3.5　拉伸模的厚度

拉伸模的厚度也称为拉伸模的高度，以 L 表示，见图 8-2。

$$L = l_1 + l_2 + l_3 + l_4$$

式中　l_1——润滑锥长度，mm；

$\quad\quad l_2$——工作带长度，mm；

$\quad\quad l_3$——定径带长度，mm；

$\quad\quad l_4$——出口带长度，mm。

8.3.6　拉伸模结构尺寸实测

在生产中，拉伸线材用拉伸模的材料一般为硬质合金、钻石（即金刚石）、人造聚晶石，除此之外还有钢及陶瓷等。硬质合金模常用于直径 0.5mm 以上的线材生产；金刚石模常用于直径 1.0mm 以下的线材生产；人造聚晶石用于直径 0.5~6.0mm 范围内的线材拉伸。

从结构上看，人造聚晶模的模孔形状与金刚石模最接近，硬质合金模的结构如图 8-2 和表 8-2 所示，金刚石模模孔形状和结构如图 8-3 和表 8-3 所示。

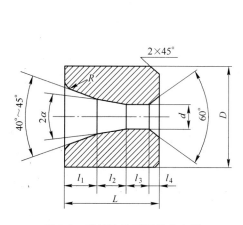

图 8-2　线材拉伸用硬质合金模

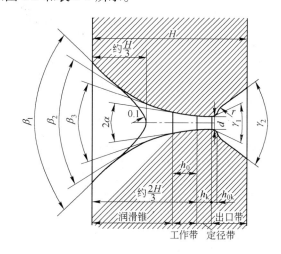

图 8-3　金刚石模模孔形状

表8-2　常用硬质合金模尺寸

型　号	基本尺寸/mm							2α/(°)	2β/(°)	2γ/(°)
	D	L	d	l3	l4	l2	R			
B08-0.4	8.00	4.00	0.40	0.40	1.10	0.80				
B08-0.8			0.80	0.60						
B10-0.4	10.00	8.00	0.40	0.40	1.60	3.50				
B10-0.6			0.80	0.60	1.80					
B10-0.8			1.00	0.60						
B12-0.4	12.00	10.00	0.40	0.40						
B12-0.6			0.60	0.40	2.00	5.00			90	90
B12-0.8			0.80	0.60						
B12-1.0			1.00	0.60						
B12-1.3			1.30	0.80				14		
B12-1.6			1.60	0.90			1.50			
B12-1.8			1.80	0.90	1.80	4.80				
B12-2.0			2.00	1.00						
B12-2.3			2.30	1.00						
B14-0.6	14.00	12.00	0.60	0.40						
B14-0.8			0.80	0.60						
B14-1.0			1.00	0.60						
B14-1.3			1.30	0.80	2.00	5.00				
B14-1.8			1.80	0.90						
B14-2.3			2.30	1.00						
B14-2.6			2.60	1.00				16		
B14-2.8			2.80	1.20						
B16-0.8	16.00	13.00	0.80	0.60						
B16-1.3			1.30	0.80		4.80		14		
B16-1.8			1.80	0.90					60	75
B16-2.3			2.30	1.00	3.00		2.50			
B16-2.8			2.80	1.20		4.60				
B16-3.1			3.10	1.20						
B16-3.3			3.30	1.40						
B20-1.8	20.00	17.00	1.80	0.90				16		
B20-2.3			2.30	1.00		7.50				
B20-2.8			2.80	1.20	3.00					
B20-3.3			3.30				3.70			
B20-3.5			3.50	1.40		7.00				
B20-3.8			3.80							

型 号	基本尺寸/mm							2α/(°)	2β/(°)	2γ/(°)
	D	L	d	l_3	l_4	l_2	R			
B20-4.0			4.00							
B20-4.2			4.20							
B20-4.7			4.70							
B20-5.2	20.00	17.00	5.20	1.40	3.00	7.00	3.70	16	60	
B20-5.4			5.40							
B20-5.7			5.70							75
B20-6.2			6.20							
B25-3.8			3.80	1.40						
B25-4.2			4.20	1.40		8.50				
B25-4.7			4.70	1.60						
B25-5.2			5.20	1.60						
B25-5.7			5.70	1.90						
B25-6.0	25.00	20.00	6.00	1.90	4.00		4.00			
B25-6.2			6.20	1.90						
B25-6.5			6.50	2.10		7.8				60
B25-6.7			6.70	2.10						
B25-7.0			7.00	2.10						
B25-7.2			7.20	2.10				18	60	
B30-5.7			5.70	1.90		8.50				
B30-6.2			6.20	1.90						
B30-6.7			6.70	2.10						60
B30-7.2			7.20	2.10						
B30-7.7	30.00	24.00	7.70	2.20	5.00		5.00			
B30-8.2			8.20	2.20						
B30-8.7			8.70	2.40		9.50				
B30-9.2			9.20	2.40						
B30-9.7			9.70	2.40						
B30-10			10.00	2.60						

表8-3 常用金刚石模模孔各部位尺寸

各区名称	尺寸名称	用 途			
		铝	铜	黄铜和青铜	铜镍合金及镍合金
润滑锥	锥角 β_1/(°)	90	90	90	90
	锥角 β_2/(°)	60	60	60	60
	锥角 β_3/(°)	35	35	35	35
	润滑锥总长/mm	$\frac{2}{3}H - h_0$	$\frac{2}{3}H - h_0$	$\frac{2}{3}H - h_0$	$\frac{2}{3}H - h_0$

各区名称	尺寸名称	用　途			
		铝	铜	黄铜和青铜	铜镍合金及镍合金
工作带	锥角 $2\alpha/(°)$	24	16	1.2	10
	工作锥长度 h_0/mm	$1.0d$	$1.5d$	$1.5d$	$1.5d$
定径带	直径 d/mm	D	D	D	D
	长度 h_k/mm	$0.3d$	$0.4d$	$0.5d$	$0.6d$
出口带	倒锥角 $\gamma_1/(°)$	45	45	45	45
	倒锥长度 h_{0k}/mm	$0.1d$	$0.1d$	$0.1d$	$0.1d$
	圆角半径 r/mm	0.2	0.2	0.2	0.2
	出口锥角 $\gamma_2/(°)$	70	70	70	70
	出口带长度/mm	$\dfrac{3}{H}-h_k$	$\dfrac{3}{H}-h_k$	$\dfrac{3}{H}-h_k$	$\dfrac{3}{H}-h_k$

注：H 为金刚石模厚度。

8.4　拉伸模加工方法和步骤

8.4.1　硬质合金模加工方法和步骤

硬质合金模加工步骤如下：

选择模芯坯—镶外套—粗磨内孔各区—精磨内孔各区—抛光内孔各区—测量尺寸和打号—清擦—分放。

模芯坯是由硬质合金厂供应的，根据生产具体情况确定所选的模芯，一般拉伸模用 YG8 牌号的 12 型模芯。

镶外套是为了保护模芯，防止在拉伸过程中模芯被胀碎或损伤，另外在研磨模芯时也可以卡得牢固。模套材料可用 A3、45 号圆钢等材料，模套形状如图 8-4 所示。生产中根据硬质合金模芯大小，推荐模套尺寸列于表 8-4 中。

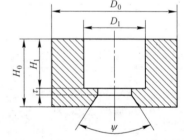

图 8-4　硬质合金模套

表 8-4　硬质合金模套尺寸

硬质合金模坯尺寸		模　套　尺　寸			
D/mm	H/mm	D_0/mm	H_0/mm	H_1/mm	$\psi/(°)$
6	4	25	10	$H+2$	60 ~ 70
8	6	25	11	$H+2$	60 ~ 70
13	8 ~ 10	25	13 ~ 14.5	$H+1.2$	60 ~ 70
16	14	30	20	$H+1.5$	60 ~ 70
20 ~ 26	12 ~ 16	45	24	$H+0.5$	60 ~ 70

镶套的方法一般有两种：一种是热镶，一种是冷镶，其中热镶比较常用。车模套时应注意 D_1 的尺寸，D 为 6mm 和 8mm 时，D_1 应为（$D-0.03 \sim 0.05mm$）；当 D 为 13mm 和 16mm 时，D_1 应为（$D-0.05 \sim 0.07mm$）；当 D 为 20、22、26mm 时，D_1 应为（$D-0.09 \sim 0.12mm$）；镶套前把模套加热到 750 ~ 800℃，温度达到后即把模芯放在模套上（要放正），然后用压力机缓缓将模芯压入模套内，待自然冷却后送去粗磨。

粗磨是为了把模孔各部位磨到要求的形状和角度，尺寸也要相当接近成品模的尺寸，各区连接处要磨出光滑连接的圆角。

粗磨大模子和小模子都用 M_{20} 的碳化硼磨料。将模孔各部位磨到规定的尺寸和角度，各区达到圆滑连接，表面无划沟等缺陷。磨料是用机油和锭子油调和的，磨完后应用汽油彻底清洗。研磨工具采用紫、黄铜圆棒或软钢棒制成。精磨后也可用钢丝抛光研磨。

粗磨、清洗后即可抛光了，抛光可用 M_5-M_7 的人造金刚石抛光膏进行抛光，工具为车制的桦木、柳木杆，抛光后模子各部位尺寸都应正确，表面光洁如镜。

粗磨和精磨可在立式或卧式磨模机上完成，抛光在卧式抛光机上进行。

目前磨模已较为广泛地采用电解加工法，此法生产效率高，劳动强度小，其原理是将模芯作阳极，磨针作阴极，电解液在模孔和磨针之间均匀流过。通直流电后产生电化学反应，从而使阳极金属析出，达到扩孔和修模的目的。

电解液的成分是根据圆模、型模适当调配的，一般配方如下：

$$C_4H_6O_6 \quad + \quad NaOH \quad + \quad NaCl \quad + \quad H_2O$$
$$15\% \sim 5\% \quad 15\% \sim 5\% \quad 2\% \sim 10\% \quad 余量$$

硬质合金模使用磨损后可以重新修理，重磨的方法与上述基本相同，只是旧模回收后要彻底用汽油清洗，擦净脏物，然后进行粗磨，磨掉凹印、粘着的金属、椭圆形状等。当模孔直径超差时，可以改变模孔尺寸，磨成大一些直径的尺寸，继续使用，直到模芯壁减到引起裂纹或各部位尺寸、角部和形状已不符合要求为止。

模子抛光后进行尺寸测量，检查内孔形状。测量尺寸可采用样棒法或用砸扁的铜、铝丝插入模孔，拉出后用千分尺测量被拉过变形部分的尺寸即可，也有用铜、铝（稍大于模孔直径）拉出模孔后测量线材直径。变形区和定径带的形状，可用拉伸、酸腐蚀法观察和测量，模孔大一些的模子可用灌蜡法测量和观察。

型模加工所用磨料和加工步骤与上述基本相同。电解加工法也同样适用于型模的加工和修理，此外型模加工还广泛采用电火花加工，它主要用于形状复杂、规格大于 1mm 的异型线材模。电火花加工型模的关键是制备一电极棒。电极棒有三种：（1）进口区电极棒，其角度为 60°。（2）变形区电极棒，其角度为 12° ~ 16°，大部分 14°。（3）定径区电极棒，其角度为 1° ~ 2°。电火花加工型模的顺序是先打定径带，后打出口带，经电火花加工后进一步用人造钻石什锦锉刀加工过渡区，手工研磨模孔成型。

8.4.2 金刚石模加工方法和步骤

8.4.2.1 金刚石模加工方法

金刚石模的加工方法有两种：一种是把金刚石镶套工序放在大部分工序之后，以便利于金刚石的透明性观察开孔过程，用此法要磨去大量金刚石，浪费工时和材料，而且要增加工序和设备。但由于加工小直径模孔时，需要通过观察面检查各部位的形状，故都采用此法；第二种方法是把金刚石选好，装入模套内，用烧结办法固定金刚石，烧结时，把金刚石放在特殊的挤压模内，四周用铜粉或其他粉末填盖，并且用压力挤成圆柱形团块，将团块烧结并压装在模套中，然后进行各道工序的加工，在这种情况下，不需要磨两个支撑面和观察面。用同样大小的金刚石，要比按第一种方法开孔时少磨 2/3 ~ 4/5，并在所有工序中容易定中心，操作方便，在加工直径较大的模孔时应用此法。

8.4.2.2 金刚石模加工步骤

按照第一种方法加工过程如下：

（1）验收金刚石，检查未加工的金刚石内部有无缺陷，选择尺寸及确定模孔的位置，金刚石模尺寸、质量选择如表 8-5 所示。

表 8-5 金刚石模尺寸、质量选择

模孔直径/mm	磨面前的金刚石块		磨面后最小厚度/mm
	质量/克拉·粒$^{-1}$	最小厚度/mm	
0.01 ~ 0.029	0.08 ~ 0.11	1.4	1.0
0.03 ~ 0.0099	0.12 ~ 0.2	1.6	1.2
0.1 ~ 0.199	0.21 ~ 0.3	1.8	1.4
0.2 ~ 0.399	0.31 ~ 0.6	2.0	1.6
0.4 ~ 0.999	0.61 ~ 1.4	2.2	1.8

（2）磨平面和观察面，这一工序在磨楞机上进行，首先要磨出两个互相平行的平面，此两面必须平行，否则钻出的孔的中心线不正确。在选择研磨位置时，应选择平行金刚石劈开面的平面，固定金刚石的卡具装在支座内，在高速旋转的铸铁圆盘上涂金刚石粉磨料，先磨两个互相平行的平面，然后磨观察面，观察面用于检查定心、钻孔等过程，有时还要磨两个互相平行的观察面，观察面应与两平行面互相垂直。

（3）定心。定心是在双头钻床上进行的，在磨好平面的金刚石粒上，确定模孔中心点的位置，通常用墨水作标记，定为入口，然后把金刚石粒用漆片固定在一块铜板上，入口面朝外，夹持在机头上，用尖嘴钳夹住金刚石碎片，以其棱刻出金刚石厚度三分之一的锥形坑，锥顶角不小于 75°。在刻挖金刚石时，可稍用力，但不可过大。

（4）钻孔。钻孔是最重要的和需要时间最长的工序，在此项工序中要开出润滑锥、工作带、定径带，这个操作是用高速旋转的细锥形钢针，尖端部分涂上金刚石粉和橄榄油调好的磨料，在钻孔机上进行钻孔。钻孔机分为立式和卧式两种，立钻速度较快，有条件的可用十头钻孔机钻孔，钻孔通常进行到厚度的三分之一（包括以前定心深度在内），对于小规格的金刚石模，钻孔可用激光机打孔。激光机打孔可在一瞬间完成，当打孔不圆或深度不够时，可采用低压电火花配合进行修正。近年来也有用高频电火花钻孔的，可提高生产效率。

（5）加工出口。加工金刚石模的出口是在双头刨床上进行，为了避免可能在出口端产生大块剥落，并保证定径带和出口带的规定尺寸。加工出口带分两段进行，即在双头钻床上刻出凹孔，一直到出口带与定径带之间壁厚为 0.02~0.05mm 时为止，然后在钻孔机上用细钢针加磨料，把孔钻通，有时也在双头钻床上钻通。

（6）研磨。用磨光的方法使各区达到规定尺寸、角度和形状，并使各区圆滑连接；磨光机分立、卧两种。模孔直径在 0.1~0.03mm 之间，可在立式和卧式研磨机上配合进行。直径在 0.03mm 以下时，用卧式研磨机研磨，磨光的次序如下：

1）从出口端进行出口带的磨光；

2）从入口端进行工作带的磨光；

3）从入口端进行定径带的磨光；

4）从入口端进行润滑锥的磨光；

5）各区连接面的磨光。

随着技术的发展，现已使用超声波研磨法磨金刚石模了，此法省人力、质量高、速度快，加工效率可提高数十倍。

超声波研磨机的工作原理是由超声波发生器产生的超声频率电振荡，通过换能器转化成机械振荡，再由变幅杆将振幅放大并传到焊在变幅杆端部的研磨钢针上，钢针置于需研磨的金刚石模孔内，钢针的超声振荡不断使磨料（金刚石粉＋水）中的金刚石粉微粒以同样的频率打击被研磨的表面，使工作表面材料剥落，由于磨料微粒的数量大、粒度细、打击频率高，结果使被研磨模孔很快达到所需要的光洁程度。为了保证模孔的圆整度，在研磨时，还应使金刚石模以钢针为中心作低速转动，并用砝码加压装置，加以一定压力，使模具始终以一定压力与钢针接触。

（7）镶套。把已经研磨好的金刚石模镶在模套中，如图 8-5 所示，模套尺寸应符合表 8-6 的规定。

（8）验收。验收时要检查模孔尺寸和形状，合格后在模孔入口带端面刻上线模型号、直径、工厂代号等。

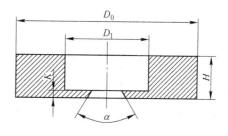

图 8-5 金刚石模

表 8-6 金刚石模模套尺寸 （mm）

模孔直径	模套外径 D_0	模套高度 H	支撑模壁厚度 K（不小于）
≤0.3		5~6	1.2
>0.3~0.5	16 或 25	6.5~7.5	1.6
>0.5~1.0		8.5~9.5	2.0

金刚石模的使用寿命长，表面光洁程度高，拉伸时摩擦系数小，因此金刚石模是比较理想的线材生产用模，但在长时间使用中也会被磨损并出现小裂纹、粘金属、定径带增大、出现椭圆、内表面不光等缺陷。为了延长使用时间，提高其使用寿命，因此重新清洗、研磨用旧了的模子是必要的。重新研磨已磨损的模子时，也是先采用粗磨模孔内表面缺陷、脏物，把各部尺寸、角度等磨准确，各区连接处磨成圆滑过渡，经彻底清洗后再细磨到需要尺寸、角度和形状。金刚石模重磨后，模子直径扩大了，要写上尺寸以便使用时

查看。

金刚石模可多次重修再用，一直可用到出现裂纹为止。废旧的金刚石模芯可取出用于制造金刚石粉。

8.4.3 扒皮模的加工

前已叙述，为了去掉线坯表面缺陷，获得高质量表面的线材，要进行线坯扒皮，扒皮模是扒皮的主要工具。

扒皮模镶套方法与硬质合金模相同。

除了紫铜扒皮模采用合金工具钢（$W_{18}Cr_4V$）之外（有的也用硬质合金模），其余合金线坯一般都采用 YG_8、YG_{15} 硬质合金扒皮模。

对不同合金，根据其特性，扒皮模结构也不完全相同。扒皮模的主要结构参数是切削刃角 α，如图 8-6a、b 所示。扒皮模的切削刃角 α 值一般如下：

扒紫铜时，$\alpha = 30° \sim 31°$，$\beta = 7°$；

扒青铜、铜镍合金时，$\alpha = 46°$，$\beta = 5°$；

扒铅黄铜、H62、H65、H68 黄铜时，$\alpha = 0°$，$\beta = 4° \sim 7°$。

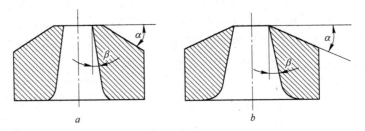

图 8-6　扒皮模的结构

a—铅黄铜棒、H62、H65、H68 扒皮模；b—紫铜、青铜、铜镍合金扒皮模

制造紫铜扒皮模用的 $W_{18}Cr_4V$ 高速钢淬火后硬度应为 $60 \sim 80HRC$。

扒皮模的刃口应保证锋利无损，用硬质合金为材料的扒皮模，使用时应尽量避免过大的冲击。

不同被扒金属材质，其扒皮模的一般技术参数有所区别，具体见表 8-7。

表 8-7　扒皮模技术参数

合　金	图　形	材　质	定径区长 /mm	刃口角 /(°)	加　工　顺　序
紫铜		Cr12、YG6、YG8	1.5 ~ 2.5	59 ± 2	（1）如采用合金工具钢，970℃、保温 5 ~ 15min 后在油中淬火。除去刃口面和定径区的氧化皮； （2）磨刃口凹圆锥； （3）磨定径带、出口刃圆锥、出口带； （4）精磨定径带、刃口凹圆锥

合　金	图　形	材　质	定径区长 /mm	刃口角 /(°)	加工顺序
普通黄铜		YG6、YG8	1.5~2.0	88±2	(1) 磨刃口凹圆锥； (2) 磨定径带、出口刃圆锥、出口带； (3) 精磨定径带、刃口凹圆锥
铅黄铜		YG6、YG8		86±2	(1) 磨刃口凹圆锥； (2) 磨定径带、出口刃圆锥、出口带； (3) 精磨定径带、刃口凹圆锥
青铜、铜镍合金		YG6、YG8	2.0~3.0	88±2	(1) 磨刃口凹圆锥； (2) 磨定径带、出口刃圆锥、出口带； (3) 精磨定径带、刃口凹圆锥

复习思考题

1. 线材拉模的材料主要有哪几种？
2. 钻石模和聚晶模的技术要求是什么？
3. 线材拉模的结构及各部分的作用如何？
4. 钻石模的加工方法有哪几种？

9 线材拉伸机

随着有色金属线材新技术、新工艺需求的发展，线材拉伸机也应运而出，各种形式、性能的线材拉伸机详见表9-1~表9-7。

随着科学技术的进步，大拉伸机采用了双盘连续收线技术；中、小拉伸机用齿形带新技术代替了齿轮传动；逐步推广应用了喷镀硬质合金的高强度、高耐磨的拉线鼓轮（圆盘）；拉伸后连续退火，再收卷；应用推广了滑动量小、湿拉型（即拉线鼓轮完全浸入式或对模子及鼓轮进行喷射润滑）铝线生产设备等。这些技术的应用进一步改善了操作条件、提高了线材生产的高效率。目前，铜及铜合金大、中拉伸机线速度为40m/s，小拉伸机为50 m/s。

线材拉伸机的主要工作原理如下：待加工的线坯经开卷装置开卷后，进入多个圆盘组合在一起的拉伸机组；在每一拉伸道次，以一个圆盘对材料施加拉伸力的作用，使材料在圆盘前面的拉伸模内产生减径变形，且通过圆盘结构及受力方向的变化，使材料进入圆盘及出圆盘保持在固定位置，圆盘上始终缠绕有设定圈数的拉伸线材；在每一拉伸道次之间，通过自动调速的设计使每一拉伸道次速度严格匹配，从而使多次盘拉伸组合在一起，一般可20个道次左右组合起来，从而使线坯实现大的变形量；经拉伸机组加工后的成品或半成品线材再通过后续组合装置进行收卷或精整。

9.1 一次拉伸机

一次拉伸机的分类见表9-1，典型一次拉伸机的技术参数见表9-2。

表9-1 一次拉伸机分类表

拉伸机类型		优 点	缺 点	拉伸范围/mm
按收线分	按拉伸形式分			
绞盘收线	卧 式	卸线方便	收线少	16~6
	立 式	绕线整齐	卸线不方便，线材表面质量较差	6~0.8
	倒立式	卸线很方便，卷重大	绕线不整，结构复杂	10~2
线轴收线	直接收线	不用复绕	在较大张力下进行绕线	1~0.1
	经过牵引绞盘收线	不用复绕	占地面积大	<10

表9-2 典型一次拉伸机的技术参数

设 备 参 数	ϕ650mm 拉伸机	ϕ550mm 拉伸机
绞盘直径/mm	650	550
线坯直径/mm	12~7.2	8~3
成品直径/mm	10~6	7~2

续表 9-2

设 备 参 数	φ650mm 拉伸机	φ550mm 拉伸机
电机功率/kW	55	40
最大拉伸力/kN	50	20
拉伸速度/m·s⁻¹	0.9	1.2 ~ 1.4
卷重/kg	250	150

9.2 多次拉伸机

多次拉伸机的分类见表 9-3。

表 9-3　多次拉伸机的分类

拉伸方法	优 点	缺 点	拉伸范围/mm
带滑动连续拉伸机	总加工率大、拉伸速度快	绞盘易磨损、线材表面质量较差	<16
无滑动连续拉伸机	绞盘磨损小、线材表面质量优	配模严格、电器较复杂	6 ~ 1.5
无滑动积蓄式拉伸机	可拉伸强度较低的、抗磨性较差的线材	拉伸速度慢、不适宜拉特细线	4 ~ 0.5

9.3 带滑动式多次拉伸机

带滑动式多次拉伸机的技术性能见表 9-4 和表 9-5。

表 9-4　带滑动式多次拉伸机的技术性能（一）

名　称		1 级 5 模拉伸机	1 级 9 模拉伸机	2 级 9 模拉伸机	3 级 13 模拉伸机	3 级 12 模拉伸机	751 型拉伸机
模子个数/个		5	9	9	13	12	18
阶梯型牵引绞盘数/个		5	8	4	4	4	4
阶梯级数/级		1	1	2	3	3	3×4+1×5
牵引绞盘各阶梯直径/mm		700	650	211-380	158-244-380	100-144-207	101-304 72-302
收线绞盘直径/mm			450	450	450	180	
线坯直径/mm		17 ~ 10	10 ~ 7.2	8 ~ 7.2	8 ~ 7.2	3.2 ~ 1.8	3.0 ~ 2.0
成品直径/mm		12 ~ 5.5	5.5 ~ 4.0	4.0 ~ 1.6	2.3 ~ 1.0	1.0 ~ 0.4	1.0 ~ 0.35
出线速度/m·s⁻¹	Ⅰ	1.0	3.0	8.0	8.0	12.0	8.5
	Ⅱ	1.6	4.4	10.0	10.0	15.5	12.2
	Ⅲ	2.9	7.3	15.0	15.0	20.0	16.5
	Ⅳ						23.2
线盘收线质量/kg		≤3000	≤400	≤400	≤400	40	100 ~ 15
拉伸机电机功率/kW		100	100	100	100	36	40
转速/r·min⁻¹		1460	1460	1460	1460	1440	1450

表9-5　带滑动式多次拉伸机的技术性能（二）

名　称		418 型拉伸机	4 级 19 模拉伸机	5 级 21 模拉伸机	771 型拉伸机	6 级 18 模拉伸机	7 ~ 8 级 18 模拉伸机
模子个数/个		18	19	21	18	18	18
阶梯型牵引绞盘数/个		4	4	6	4	4	2
阶梯级数/级		3 × 4 + 1 × 5	2 × 4 + 2 × 5	4 × 3 + 2 × 4	7 + 2 × 8 + 9	2	2 × 9
牵引绞盘各阶梯直径/mm		106-304	60-294		53-184-190 -233-226	40-141	45-99
收线绞盘直径/mm		75 ~ 153	180			141	71
线坯直径/mm		2.5 ~ 1.9	2.5 ~ 1.8	1.8 ~ 0.4	1.0 ~ 0.6	0.4 ~ 0.2	0.15 ~ 0.05
成品直径/mm		0.68 ~ 0.32	0.39 ~ 0.2	0.3 ~ 0.1	0.3 ~ 0.1	0.09 ~ 0.05	0.04 ~ 0.01
出线速度/m·s^{-1}	I	23.8	13	40	30	9.5	3.5
	II		18			18.3	10.0
	III		25			30	17.6
线盘收线质量/kg		10	40 ~ 10	≤400			
拉伸机电机功率/kW		22	29	100			
转速/r·min^{-1}		975	1435	1460			

9.4　无滑动的连续多次拉伸机

无滑动的连续多次拉伸机的技术性能见表9-6。

表9-6　无滑动的连续多次拉伸机的技术性能

名　称	3 ~ 4/φ550mm 拉伸机	6 ~ 7/φ550mm 拉伸机
形　式	直线式	活套式
模子个数/个	3 ~ 4	6 ~ 7
绞盘直径/mm	425/550	430/550
绞盘个数/个	3	6
线坯直径/mm	9.2	6.5
成品直径/mm	6 ~ 3	3.2 ~ 1.5
拉伸速度/m·s^{-1}	2.5 ~ 8.5	1.6 ~ 4.8
线卷的最大质量/kg	120 ~ 150	80 ~ 120
拉伸机的电机功率/kW	55 × 3	40 × 6

无滑动的积蓄式多次拉伸机的技术性能见表9-7。

表9-7 无滑动的积蓄式多次拉伸机的技术性能

名　称		拉伸机型号				
		2/550	4/550	2/450	6/350	8/250
模子个数/个		2	4	2	6	8
绞盘直径/mm		550	550	450	350	250
绞盘个数/个		2	4	2	6	8
线坯直径/mm		7.0	5.0	4.8	4.5	2.0
成品直径/mm		4.0	3.5~2.0	4~2	2~1.5	0.8~0.5
拉伸速度 /m·s⁻¹	Ⅰ	1.18	1.23~3.67	1.24	4.93	6.15
	Ⅱ			1.69	6.7	8.31
	Ⅲ			2.50	9.95	12.38
线卷的最大质量/kg		80~150	80~150	80	60~80	40~60
拉伸机的电机功率/kW				7/9/10	7/9/10	2.5/3/3.5

复习思考题

1. 线材拉伸机的主要工作原理是什么？
2. 一次拉伸机按拉伸形式可分为哪几类？
3. 多次拉伸机分哪几类？简述各类拉伸机的优缺点。

附　　录

附录1　加工铜及铜合金牌号对照

　　各国使用的加工铜及铜合金类别基本相近，但又不完全一致，本对照表主要依据金属成分或合金元素成分是否相同或相近而定，不苛求各元素的含量完全相同，因此附表1所列的标准牌号是近似的对照，仅供参考。

GB——中国国家标准　　　　　　　　　　JIS——日本工业标准

ASTM——美国材料与试验协会标准　　　ISO——国际标准化组织标准

DIN——德国工业标准　　　　　　　　　BS——英国标准

NF——法国标准　　　　　　　　　　　　ГОСТ——俄罗斯标准

附表1　加工铜及铜合金牌号的对照

材料名称	牌　　号							
	GB	JIS	ASTM	ISO	DIN	BS	NF	ГОСТ
纯铜	T2	C1100	C11000	Cu-FRHC	E-Cu58	C101/C102	Cu-FRHC	M1
	T3	—	—	Cu-FRTP	—	C104	Cu-FRTP	M2
无氧铜	TU0	C1011	C10100	—	—	C110	Cu-OFE	M00ъ
	TU1	C1020	—	—	—	—	—	M0ъ
	TU2	C1020	C10200	Cu-OF	OF-Cu	C103	Cu-OF	M1ъ
磷脱氧铜	TP1	C1201	C12000	Cu-DLP	SW-Cu		Cu-DLP	M1р
	TP2	C1220	C12200	Cu-DHP	SF-Cu	C106	Cu-DHP	M1ф
银铜	TAg0.1	—	—	CuAg0.1	CuAg0.1	—	—	MC0.1
普通黄铜	H96	C2100	C21000	CuZn5	CuZn5	CZ125	CuZn5	Л96
	H90	C2200	C22000	CuZn10	CuZn10	CZ101	CuZn10	Л90
	H85	C2300	C23000	CuZn15	CuZn15	CZ102	CuZn15	Л85
	H80	C2400	C24000	CuZn20	CuZn20	CZ103	CuZn20	Л80
	H70	C2600	C26000	CuZn30	CuZn30	CZ106	CuZn30	Л70
	H68	—	C26200	CuZn30	CuZn33	—	—	Л68
	H65	C2680 C2700	C26800 C27000	CuZn35	CuZn36	CZ107	CuZn33	—
	H63	C2720	C27200	CuZn37	CuZn37	CZ108	CuZn36	Л63
	H62	C2800	C27400	CuZn40	CuZn40	CZ109	CuZn40	Л60

续附表1

材料名称	牌　号							
	GB	JIS	ASTM	ISO	DIN	BS	NF	ГОСТ
镍黄铜	HNi65-5	—	—	—	—	—	—	ЛН65-5
铁黄铜	HFe59-1-1	—	—	—	—	—	—	ЛЖМ$_{Ц}$59-1-1
铅黄铜	HPb89-2	—	C31400	—	—	—	—	—
	HPb66-0.5	—	C33000	—	—	—	—	—
	HPb63-3	C3560	C35600	—	CuZn36Pb3	—	—	ЛС63-3
	HPb63-0.1	—	—	—	CuZn37Pb0.5	—	—	—
	HPb62-0.8	C3710	C35000	CuZn37Pb1	CuZn36Pb1.5	CZ123	—	—
	HPb62-3	C3601	C36000	CuZn36Pb3	CuZn36Pb3	CZ124	CuZn36Pb3	—
	HPb62-2		C35300	CuZn37Pb2	CuZn38Pb1.5	CZ131	CuZn35Pb2	—
	HPb61-1	C3710	C37100	CuZn39Pb1	CuZn39Pb0.5	CZ129	CuZn40Pb	ЛС60-1
	HPb60-2	C3771	C37700	CuZn38Pb2	CuZn39Pb2	CZ128	CuZn38Pb2	ЛС60-2
	HPb59-3	C3651	C38500	CuZn39Pb3	CuZn39Pb3	CZ120	CuZn40Pb3	ЛС59-3
	HPb59-1	C3713	C37710	CuZn39Pb1	CuZn40Pb2	CZ129	CuZn39Pb1.7	ЛС59-1
铝黄铜	HAl77-2	C6870	C68700	CuZn20Al2	CuZn20Al2	CZ110	CuZn22Al2	ЛАМ$_{Ш}$77-2-0.05
	HAl60-1-1	—	—	CuZn39AlFeMn	—	—	—	ЛАЖ60-1-1
	HAl59-3-2	—	—	—	—	—	—	ЛАН59-3-2
锰黄铜	HMn58-2	—	—	—	CuZn40Mn2	—	—	ЛМ$_{Ц}$58-2
	HMn57-3-1	—	—	CuZn37Mn3Al2Si	—	CZ135	—	ЛМ$_{Ц}$А57-3-1
加砷黄铜	H70A	—	C26130	CuZn30As	—	CZ105	CuZn30	—
	H68A	—	—	CuZn30As	—	CZ126	—	—
锡黄铜	HSn90-1	—	C41100	—	—	—	—	ЛО90-1
	HSn70-1	C4430	C44300	CuZn28Sn1	CuZn28Sn	CZ111	CuZn29Sn1	ЛОМ$_{Ш}$70-1-0.05
	HSn62-1	C4621	C46400	CuZn38Sn1	CuZn38Sn	CZ112	—	ЛО62-1
	HSn60-1	—	—	CuZn38Sn1	—	CZ113	CuZn38Sn1	ЛО60-1
硅黄铜	HSi80-3	—	C69400	—	—	—	—	ЛК80-3
锡青铜	QSn1.5-0.2	—	C50500	CuSn2	—	—	—	БрОФ2-0.25
	QSn4-0.3	C5101	C51100	CuSn4	CuSn4	PB101	CuSn4P	БрОФ4-0.25
	QSn4-3	—	—	CuSn4Zn2	—	—	—	БрОЦ4-3
	QSn4-4-2.5	—	—	—	—	—	—	БрОЦС4-4-2.5
	QSn4-4-4	C5441	C54400	CuSn4Pb4Zn3	—	—	CuSn4Zn4Pb4	БрОЦС4-4-4
	QSn6.5-0.1	C5191	C51900	CuSn6	CuSn6	PB103	CuSn6P	БрОФ6.5-0.15
	QSn6.5-0.4	C5191	C51900	CuSn6	CuSn6	PB103	CuSn6P	БрОФ6.5-0.4
	QSn7-0.2	—	—	CuSn8	CuSn8	PB103	CuSn8P	БрОФ7-0.2
	QSn8-0.3	C5210	C52100	CuSnP	CuSn8		CuSn8.5P	БрОФ8.0-0.3

续附表.1

材料名称	牌　号							
	GB	JIS	ASTM	ISO	DIN	BS	NF	ГОСТ
铝青铜	QAl5	—	C60800	CuAl5	CuAl5As	CA101	CuAl6	БрА5
	QAl7	—	C61000	CuAl7、CuAl8	CuAl8	CA102	CuAl8	БрА7
	QAl9-2	—	—	CuAl9Mn2	CuAl9Mn2			БрАМц9-2
	QAl9-4	—	C62300	CuAl10Fe3	CuAl8Fe3			БрАЖ9-4
	QAl10-3-1.5	—	—	—	CuAl10Fe3Mn2			БрАЖМц10-3-1.5
	QAl10-4-4	—	C63020	—	—	CA104	CuAl10Ni5Fe4	БрАЖН10-4-4
	QAl10-5-5	C6301	C63280	CuAl10Ni5Fe4	CuAl10Ni5Fe4	CA105	CuAl10Ni5Fe4	БрАЖНМц9-4-4-1
	QAl11-6-6	—	—	—	CuAl11Ni6Fe5	—	CuAl11Ni5Fe5	—
铍青铜	QBe2	C1720	C17200	CuBe2	CuBe2	—	CuBe1.9	Бр·Б2
	QBe1.9	—	—	CuBe2	—		—	Бр·БНТ1.9
	QBe1.9-0.1	—	—	—	—		—	Бр·БНТ1Мг
	QBe1.7	C1700	C17000	CuBe1.7	CuBe1.7	CB101	CuBe1.7	Бр·БНТ1.7
	QBe0.6-2.5	—	C17500	CuCo2Be	CuCo2Be	C112	—	
	QBe0.4-1.8	—	C17510	CuNi2Be	CuNi2Be		—	
硅青铜	QSi3-1	—	C65500	CuSi3Mn1	—	CS101	—	БрКМц3-1
	QSi1-3	—	—	CuNi2Si	—	—	CuNi3Si	БрКН1-3
锰青铜	QMn5	—	—	—	—	—	—	БрМц5
锆青铜	QZr0.2	—	C15000	—	CuZr	—	—	—
	QZr0.4	—	—	—	—	—	—	—
铬青铜	QCr0.5	—	C18400	CuCr1	—	CC101	—	БрХ1
	QCr0.5-0.2-0.1	—	—	—	—			
	QCr0.6-0.4-0.05	—	C18100	—	—			
	QCr1	—	C18200	CuCr1	—	CC101		БрХ1
镉青铜	QCd1	—	C16200	CuCd1	—	C108	—	БрКд1
镁青铜	QMg0.8	—	—	—	CuMg0.7	—	—	
铁青铜	QFe2.5	—	C19400	—	CuFe2P	—	—	—
碲青铜	QTe0.5	—	C14500	CuTe(P)	CuTeP	C109	—	(CuTeP)
普通白铜	B0.6	—	—	—	—	—	—	МН0.6
	B5	—	—	—	—	—	CuNi5	МН5
	B19	—	C71000			CN104	CuNi20	МН19
	B25	—	C71300	CuNi25	CuNi25	CN105	CuNi25	МН25
	B30	—	—	—	—	CN106	CuNi30	—
铁白铜	BFe5-1.5-0.5	—	C70400	—	—	CN101	CuNi5Fe	МНЖ5-1
	BFe10-1-1	C7060	C70600	CuNi10Fe1Mn	CuNi10Fe1Mn	CN102	CuNi10Fe1Mn CuNi10Fe	МНЖМц10-1-1

材料名称	牌　　号							
	GB	JIS	ASTM	ISO	DIN	BS	NF	ГОСТ
铁白铜	BFe30-1-1	C7150	C71500	CuNi30Mn1Fe	CuNi30Mn1Fe	CN107	CuNi30Mn1Fe CuNi30FeMn	МНЖМ$_{\text{ц}}$30-1-1
锰白铜	BMn3-12	—	—	—	—	—	—	МНМ$_{\text{ц}}$3-12
	BMn40-1.5	—	—	—	—	—	—	МНМ$_{\text{ц}}$40-1.5
	BMn43-0.5	—	—	CuNi44Mn1	CuNi44Mn1	—	CuNi44Mn	МНМ$_{\text{ц}}$43-0.5
锌白铜	BZn18-18	C7521	C75200	CuNi18Zn20	CuNi18Zn20	NS106	CuNi18Zn20	МНЦ18-20
	BZn18-26	C7701	C77000	CuNi18Zn27	CuNi18Zn27	NS107	—	МНЦ18-27
	BZn15-20	C7541	C75400	CuNi15Zn21	—	NS105	—	МНЦ15-20
	BZn15-21-1.8	C7941	—	—	—	—	—	—
	BZn15-24-1.5	—	—	—	—	—	CuNi13Zn23Pb1	—
铝白铜	BAl13-3	—	—	—	—	—	—	МНA13-3
	BAl6-1.5	—	—	—	—	—	—	МНA6-1.5

附录 2　中国现行铜、镍及其合金线材国家标准目录

GB/T 2903—1998　铜-铜镍（康铜）热电偶丝

GB 3113—82　镍铜合金线

GB/T 3114—2010　铜及铜合金扁线

GB 3115—82　冷镦螺钉用黄铜线

GB 3118—82　自行车条帽用黄铜线

GB 3126—82　滤清器用黄铜线

GB 3128—82　织网用锡青铜线

GB 3134—82　铍青铜线

GB/T 3952—2008　电工用铜线坯

GB/T 3953—2009　电工圆铜线

GB/T 4910—2009　镀锡圆铜线

GB/T 5584.1—2009　电工用铜、铝及其合金扁线　第 1 部分：一般要求

GB/T 5584.2—2009　电工用铜、铝及其合金扁线　第 2 部分：铜扁线

GB/T 5584.3—2009　电工用铜、铝及其合金扁线　第 3 部分：铝扁线

GB/T 5584.4—2009　电工用铜、铝及其合金扁线　第 4 部分：铜带

GB/T 5585.1—2005　电工用铜、铝及其合金母线　第 1 部分　铜和铜合金母线

GB/T 5585.2—2005　电工用铜、铝及其合金母线　第 2 部分　铝和铝合金母线

GB/T 6145—1999　锰铜、康铜精密电阻合金

GB/T 11019—2009　镀镍圆铜线

GB/T 20509—2006　电力机车接触材料用铜及铜合金线坯

GB/T 21652—2008　铜及铜合金线材

GB/T 21653—2008　镍及镍合金线和拉制线坯

TB/T 2809—2005　电气化铁道用铜及铜合金接触线

YS/T 571—2006　铍青铜线

参 考 文 献

[1] 李巧云. 重有色金属及其合金管棒型线材生产[M]. 北京：冶金工业出版社，2009.

[2] 刘贵材. 有色金属线材生产[M]. 长沙：中南工业大学出版社.

[3] 钟卫佳. 铜加工技术实用手册[M]. 北京：冶金工业出版社，2007.

[4] 吴子平，李精忠. 铜合金线材的应用及其生产工艺[J]. 上海有色金属，2006，27(3).

[5] 王碧文，陈彪. 铜及铜合金生产概述[D]. 电子工业用铜合金材料研讨推广会文集.

[6] 张强. 高速电气化铁路接触网中的铜加工产品[J]. 铜加工，2011，3.

[7] 万传军. 高速电气化铁路铜合金接触线制造技术新进展[J]. 四电工程，2010.

[8] 陈建，严文，王雪艳，范新会. 单晶铜线材在冷拉拔变形过程中的组织演化[J]. 中国科学 E 辑：技术科学，2007，37(11).

[9] 孙德勤，吴春京，谢建新. 金属复合线材成型工艺的研究开发概况[J]. 材料导报，2003，17(5).

冶金工业出版社部分图书推荐

书 名	定价(元)
有色金属塑性加工原理 （有色金属行业职业教育培训规划教材）	18.00
金属学及热处理 （有色金属行业职业教育培训规划教材）	32.00
重有色金属及其合金熔炼与铸造 （有色金属行业职业教育培训规划教材）	28.00
重有色金属及其合金管棒型线材生产 （有色金属行业职业教育培训规划教材）	38.00
轧制工程学(本科教材)	32.00
材料成形工艺学(本科教材)	69.00
加热炉(第 3 版)(本科教材)	32.00
金属塑性成形力学(本科教材)	26.00
金属压力加工概论(第 2 版)(本科教材)	29.00
材料成形实验技术(本科教材)	16.00
冶金热工基础(本科教材)	30.00
连续铸钢(本科教材)	30.00
塑性加工金属学(本科教材)	25.00
轧钢机械(第 3 版)(本科教材)	49.00
机械安装与维护(职业技术学院教材)	22.00
金属压力加工理论基础(职业技术学院教材)	37.00
参数检测与自动控制(职业技术学院教材)	39.00
有色金属压力加工(职业技术学院教材)	33.00
黑色金属压力加工实训(职业技术学院教材)	22.00
铜加工技术实用手册	268.00
铜加工生产技术问答	69.00
铜水(气)管及管接件生产、使用技术	28.00
冷凝管生产技术	29.00
铜及铜合金挤压生产技术	35.00
铜及铜合金熔炼与铸造技术	28.00
铜合金管及不锈钢管	20.00
现代铜盘管生产技术	26.00
高性能铜合金及其加工技术	29.00
铝加工技术实用手册	248.00
铝合金熔铸生产技术问答	49.00
镁合金制备与加工技术	128.00
薄板坯连铸连轧钢的组织性能控制	79.00